新・標準
プログラマーズ
ライブラリ

アルゴリズム
はじめの一歩
完全攻略

矢沢久雄
Hisao Yazawa

技術評論社

- 本書に登場する製品名などは、一般に各社の登録商標、または商標です。本文中に™、®マークなどは特に明記しておりません。
- 本書は情報の提供のみを目的としています。本書の運用は、お客様ご自身の責任と判断によって行ってください。本書に掲載されているサンプルプログラムの実行によって万一損害等が発生した場合でも、筆者および技術評論社は一切の責任を負いかねます。

はじめに

　筆者は、学生時代に、先輩からアルゴリズムの基礎を教わりました。先輩は、様々な問題を出してくれました。筆者は、問題を解くアルゴリズムを考え、プログラムを作って動作を確認しました。期待した結果にならなかったときは、先輩からアドバイスを受けました。わかったと思えるまで、何度もプログラムを作り直し、何度もアドバイスを受けました。

　あるとき、先輩から、「2つの変数AとBに格納された値を交換せよ」という問題が与えられました。筆者は、「まず、AにBの値を格納する」「次に、BにAの値を格納する」というアルゴリズムを考え、プログラムを作って動作を確認したところ、AとBの値が交換されず、両者は同じ値になってしまいました。どうしたらよいか悩んでいる筆者に、先輩は「AにBの値を格納するときにAの値が消えてしまうのだから、その前にAの値を別の変数TEMPに逃がしておけばよい」というアドバイスをしてくれました。

　筆者が、「勝手にTEMPなんて変数を使っていいのですか？」と聞くと、先輩は「なぜいけないの？」と聞き返しました。筆者は、このアドバイスを受けたとき、目が覚めるような思いがしました。それは、基礎を学ぶ重要性を実感したからです。基礎を知らない筆者は、AとBに格納された値を交換するときに、AとBだけしか使ってはいけない、と勝手に思い込んでいたのです。基礎を知らないと、このような思い込みが生じて、自分の考えに無用の制約を与えてしまいます。

　あれから30年以上が経ちました。今度は、筆者が先輩として、読者の皆さんにアルゴリズムの基礎を教える番です。与えられた問題を解くアルゴリズムは、才能がある特殊な人だけが考えられる、というものではありません。先輩からのアドバイスを受けながら、しっかりと基礎をマスターすれば、誰でも考えられるようになります。本書で、アルゴリズムのはじめの一歩として知っておくべき基礎を完全攻略してください。

2019年1月吉日
著者　矢沢 久雄

本書の構成と使い方

構成

　本書の各章は、アルゴリズムのはじめの一歩を無理なく確実に完全攻略できるように、ウォーミングアップ➡基本的なアルゴリズムとデータ構造➡やや高度なアルゴリズムとデータ構造➡高度なアルゴリズムと特殊なアルゴリズム、という順に構成されています。

対象とする読者

　本書の内容は、初級エンジニア、大学・専門学校の学生、基本情報技術者試験の受験者を主な対象としています。読者のイメージは、何らかの入門書でプログラミングの学習経験があり、プログラミングの基礎をおおまかにわかっている人です。本書のゴールは、お手本を見ずに、挿入法や二分探索法のプログラムを作れるようになることです。それによって、国家試験である基本情報技術者試験レベルの問題が解けるようになるはずです。

使い方

　本書は、第1章から第10章まで、徐々にレベルを上げる内容になっているので、はじめてアルゴリズムを学習する人は、第1章から順にお読みください。本書の各章は独立した内容になっているので、すでにある程度の経験がある人は、興味のある章からお読みください。基本的に、どの章も、•アルゴリズムの説明、•擬似言語とJavaのコード、•Javaの実行結果、•手作業によるアルゴリズムのトレース、•Javaによるアルゴリズムのトレース、という構成になっています。

JavaとC言語のサンプルコードのダウンロード

　本書に掲載されているJavaのコード、および同じ機能のプログラムをC言語で記述したコードは、技術評論社のWebサイト（https://gihyo.jp/book/2019/978-4-297-10394-1/support）からダウンロードできます。

各章の概要

　本書の流れを次のページに示します。各章の終わりには、知識の確認問題とコラムがあります。また、本文の中には、知識の幅を広げるためのクイズを用意しました。

本書の構成と使い方

第1章	ウォーミングアップ
	▶Keyword 考えるコツ、4つの処理、3つの流れ、ユークリッドの互除法

第2章	ループと配列の基本と線形探索
	▶Keyword ループ、配列、合計値、線形探索、トレース

第3章	二分探索と計算量
	▶Keyword 昇順、降順、二分探索、計算量、ビッグ・オー表記、$O(\log_2 N)$

第4章	多重ループと挿入法
	▶Keyword 多重ループ、掛け算の九九表、挿入法、ループの条件

第5章	連結リストの仕組みと操作
	▶Keyword データ構造、連結リスト、構造体、ポインタ、要素の挿入と削除

第6章	二分探索木への追加と探索
	▶Keyword 二分探索木、深さ優先探索、再帰呼び出し、要素の追加と探索

第7章	ハッシュ表探索法
	▶Keyword ハッシュ表、ハッシュ関数、ハッシュ値、シノニム、$O(1)$

第8章	再帰呼び出しとクイックソート
	▶Keyword 再帰呼び出し、階乗、クイックソート、基準値

第9章	動的計画法とナップサック問題
	▶Keyword 動的計画法、再帰呼び出し、フィボナッチ数、ナップサック問題

第10章	遺伝的アルゴリズムとナップサック問題
	▶Keyword 遺伝的アルゴリズム、適応度、交叉、突然変異、ナップサック問題

付録	基本情報技術者試験の問題で腕試ししてみよう
	▶Keyword ヒープの性質を利用したデータの整列、文字列の誤りの検出

それでは、始めましょう！

CONTENTS

第1章
ウォーミングアップ

1-1 アルゴリズムとは何か　　14
- 1-1-1　アルゴリズムという言葉の意味　　14
- 1-1-2　アルゴリズムを考えるコツ　　15
- 1-1-3　コンピュータのアルゴリズム　　21

1-2 フローチャート、擬似言語、Java、C言語の対応　　25
- 1-2-1　基本構文　　25
- 1-2-2　処理の流れ　　28
- 1-2-3　演算子　　35

1-3 ユークリッドの互除法　　37
- 1-3-1　アルゴリズムの説明　　37
- 1-3-2　アルゴリズムのトレースと仕組み　　39
- 1-3-3　アルゴリズムの表記　　42

第2章
ループと配列の基本と線形探索

2-1　ループと配列の基本　　48
2-1-1　配列の合計値を求めるアルゴリズム　　48
2-1-2　アルゴリズムのトレース　　51
2-1-3　Javaによるアルゴリズムのトレース　　55

2-2　線形探索　　57
2-2-1　線形探索のアルゴリズム　　57
2-2-2　アルゴリズムのトレース　　60
2-2-3　Javaによるアルゴリズムのトレース　　66

第3章
二分探索と計算量

3-1　二分探索　　72
3-1-1　二分探索のアルゴリズム　　72
3-1-2　アルゴリズムのトレース　　77
3-1-3　Javaによるアルゴリズムのトレース　　81

3-2　アルゴリズムの計算量　　83
3-2-1　線形探索と二分探索の計算量　　83
3-2-2　サーチとソートの主なアルゴリズムの計算量　　85
3-2-3　データ量と計算量　　86

第4章
多重ループと挿入法

4-1　多重ループの基礎　　　　　　　　　　　　　　　　　　92
- 4-1-1　掛け算の九九表のアルゴリズム　　　　　　　　　　92
- 4-1-2　アルゴリズムのトレース　　　　　　　　　　　　　95
- 4-1-3　Javaによるアルゴリズムのトレース　　　　　　　101

4-2　挿入法　　　　　　　　　　　　　　　　　　　　　　103
- 4-2-1　挿入法のアルゴリズム　　　　　　　　　　　　　103
- 4-2-2　アルゴリズムのトレース　　　　　　　　　　　　108
- 4-2-3　Javaによるアルゴリズムのトレース　　　　　　　117

第5章
連結リストの仕組みと操作

5-1　連結リストの仕組みとトレース　　　　　　　　　　　122
- 5-1-1　通常の配列と連結リストの違い　　　　　　　　　122
- 5-1-2　連結リストの長所　　　　　　　　　　　　　　　124
- 5-1-3　連結リストの短所　　　　　　　　　　　　　　　128

5-2　連結リストを操作するプログラム　　　　　　　　　　130
- 5-2-1　連結リストを作成して要素を表示する　　　　　　130
- 5-2-2　連結リストへ要素を挿入する　　　　　　　　　　135
- 5-2-3　連結リストから要素を削除する　　　　　　　　　137

第6章 二分探索木への追加と探索

6-1 二分探索木のデータ構造と要素の追加　　144

6-1-1　二分探索木のデータ構造　　144
6-1-2　二分探索木へ要素を追加するアルゴリズム　　146
6-1-3　アルゴリズムのトレース　　152

6-2 二分探索木の探索　　155

6-2-1　二分探索木の深さ優先探索　　155
6-2-2　二分探索木から要素を探索するアルゴリズム　　157
6-2-3　再帰呼び出しによる二分探索木の探索　　160

第7章 ハッシュ表探索法

7-1 ハッシュ表探索法の仕組み　　166

7-1-1　ハッシュ表探索法のアルゴリズム　　166
7-1-2　アルゴリズムのトレース　　171
7-1-3　Javaによるアルゴリズムのトレース　　173

7-2 シノニムに対処する方法　　176

7-2-1　シノニムに対応するためのアルゴリズム　　176
7-2-2　アルゴリズムのトレース　　182
7-2-3　Javaによるアルゴリズムのトレース　　187

第8章

再帰呼び出しと
クイックソート

8-1　再帰呼び出し　　　194

8-1-1　nの階乗を求めるアルゴリズム　　　194
8-1-2　アルゴリズムのトレース　　　197
8-1-3　Javaによるアルゴリズムのトレース　　　199

8-2　クイックソート　　　201

8-2-1　クイックソートのアルゴリズム　　　201
8-2-2　アルゴリズムのトレース　　　206
8-2-3　Javaによるアルゴリズムのトレース　　　212

第9章

動的計画法と
ナップサック問題

9-1　動的計画法　　　218

9-1-1　再帰呼び出しでフィボナッチ数を求める　　　218
9-1-2　動的計画法でフィボナッチ数を求める　　　220
9-1-3　再帰呼び出しと動的計画法を組み合わせて
　　　　　フィボナッチ数を求める　　　223

9-2　ナップサック問題　　　227

9-2-1　ナップサック問題と動的計画法　　　227
9-2-2　動的計画法でナップサック問題を解く仕組み　　　228
9-2-3　動的計画法でナップサック問題を解くプログラム　　　232

第10章
遺伝的アルゴリズムとナップサック問題

10-1 遺伝的アルゴリズムでナップサック問題を解く仕組み　240
- 10-1-1 遺伝的アルゴリズムの手順　240
- 10-1-2 遺伝的アルゴリズムの仕組みを説明するプログラム　242
- 10-1-3 遺伝的アルゴリズムの仕組みを説明するプログラムの概要　246

10-2 遺伝的アルゴリズムでナップサック問題を解くプログラムの作成　248
- 10-2-1 プログラムを構成するフィールドの役割　248
- 10-2-2 プログラムを構成するメソッドの機能　249
- 10-2-3 プログラム全体　255

付録
基本情報技術者試験の問題で腕試ししてみよう

平成30年度 春期　午後 問8「ヒープの性質を利用したデータの整列」	264
解説と解答	270
平成29年度 秋期　午後 問8「文字列の誤りの検出」	271
解説と解答	278

クイズ

- **Quiz** 最小公倍数を求めるには？ — 42
- **Quiz** なぜ配列の先頭が0番なのか？ — 49
- **Quiz** 線形探索を効率化する番兵の値は？ — 60
- **Quiz** 最初に何という数をいえば合格か？ — 73
- **Quiz** 昇順を降順に変えるには？ — 108
- **Quiz** breakを使わずにループを途中終了するには？ — 108
- **Quiz** 削除した要素を管理するには？ — 128
- **Quiz** どの部分が根、節、葉？ — 146
- **Quiz** なぜハッシュと呼ぶのか？ — 171
- **Quiz** クイックソートが速い理由は？ — 212
- **Quiz** ウサギのペアの数は？ — 218
- **Quiz** 遺伝的アルゴリズムがどこに使われている？ — 247

確認問題

- 第1章 確認問題 — 45
- 第2章 確認問題 — 68
- 第3章 確認問題 — 88
- 第4章 確認問題 — 119
- 第5章 確認問題 — 140
- 第6章 確認問題 — 163
- 第7章 確認問題 — 191
- 第8章 確認問題 — 214
- 第9章 確認問題 — 236
- 第10章 確認問題 — 261

コラム

- **COLUMN** ユークリッドの互除法のよりよい手順 — 46
- **COLUMN** 配列の最大値と最小値を求める — 69
- **COLUMN** 工夫すれば速くなる！ 素数を判定するアルゴリズムの計算量 — 89
- **COLUMN** 挿入法と同じ計算量$O(N^2)$のバブルソートと選択法 — 120
- **COLUMN** 単方向リスト、双方向リスト、循環リスト — 141
- **COLUMN** ヒープとヒープソート — 164
- **COLUMN** オープンアドレス法とチェイン法 — 192
- **COLUMN** 効率のよい基準値を選ぶ方法 — 215
- **COLUMN** 簡単な貪欲法でナップサック問題を解く — 237
- **COLUMN** プログラミングコンテストの問題に挑戦 — 262

第 1 章

ウォーミングアップ

この章は、アルゴリズムを学習する前のウォーミングアップです。まず、アルゴリズムという言葉の意味から始めて、アルゴリズムを考えるコツを学びます。バケツで水を汲むアルゴリズムを通して、様々なコツがつかめるはずです。次に、コンピュータのアルゴリズムを考えるときの基礎として、4つの処理と3つの流れを学びます。これらを意識することは、プログラマ独自の感覚であり、「プログラマ脳」とも呼べるものです。最後に、アルゴリズムを表記するために使われるフローチャート、擬似言語、Java、C言語の対応を示します。そして、それぞれの具体例として「ユークリッドの互除法」というアルゴリズムを記述します。

第 1 章 ウォーミングアップ

1-1 アルゴリズムとは何か

- Point アルゴリズムを考えるコツ
- Point コンピュータにおける処理の種類と流れの種類

1-1-1 アルゴリズムという言葉の意味

アルゴリズムとは、何でしょう？ 筆者の手元にある『新英和中辞典』(研究社)では、algorithmという英語を、以下の日本語に訳しています。これらは、どれも「与えられた問題の解を得る方法」という意味です。

> ここが Point
> アルゴリズムの日本語訳は、「演算法」「演算方式」「算法」である

■ **英和辞典の和訳**
「演算法」「演算方式」「算法」

インターネットのgoo辞書によると、algorithmの語源は、9世紀の数学者の名前が著作を通して学術用語となった、「数」を連想させるもの、となっています。

> ここが Point
> アルゴリズムの語源は、「数学者の名前で、数を連想させるもの」である

■ **語源**
数学者の名前、数を連想させるもの

日本工業規格のJIS X 0001：1994「情報処理用語－基本用語」では、アルゴリズムという用語を、以下のように定義しています。

> ここが Point
> アルゴリズムのJISの定義は、「明確に定義され、順序付けられた有限個の規則からなる集合」である

■ **JISの定義**
「問題を解くためのものであって、明確に定義され、順序付けられた有限個の規則からなる集合」

1-1 アルゴリズムとは何か

以上のことから、アルゴリズムとは、「数」に関する「問題を解く方法」だといえます。さらに、情報処理用語、つまりコンピュータの分野では、「明確であること」と「有限であること」という条件が付けられます。あやふやな部分があったり、いつ終わるかわからなかったりする手順は、アルゴリズムと呼べないのです。

本書の主なテーマは、コンピュータのアルゴリズムです。数に関する問題が与えられたら、それを解くための明確で有限な方法を考えます。そして、その方法をプログラムに記述し、コンピュータで実行して、答えを得ます。

> **ここが Point**
> コンピュータの分野では、「明確であること」と「有限であること」という条件が付けられる

1-1-2 アルゴリズムを考えるコツ

アルゴリズムを考えられるのは、特殊な才能を持っている人だけではありません。基本的なアルゴリズムをいくつか覚えてコツをつかめば、それらを応用して、様々な問題を解くアルゴリズムを考えられるようになります。**ひらめくためには、経験を通して基礎を知ることが重要**なのです。それを実感していただく例を示しましょう。これは、IT企業の入社面接で使われる問題です。

> **ここが Point**
> アルゴリズムをひらめくためには、経験を通して基礎を知ることが重要である

● **問題** 3リットル入るバケツと5リットル入るバケツを1つずつ持って川にいき、ぴったり4リットルの水を汲んでくるには、どうしたらよいでしょう？

もしも、「1回で4リットルを得よう」と思ったなら、それが「経験がない」ということです。コンピュータの世界では、**1回の処理だけで答えが得られるような問題は登場しません**。与えられるのは、コツコツと処理を積み重ねて、ようやく答えが得られる問題です。

コツコツと処理を積み重ねるには、**処理を区切れなければなりません**。これにも経験が必要です。ここでは、「バケツに水を汲む」「別のバケツに水を移す」「バ

> **ここが Point**
> コンピュータの世界では、1回の処理だけで答えが得られるような問題は登場しない

> **ここが Point**
> コツコツと処理を積み重ねるには、処理を区切れなければならない

ケツの水を捨てる」に区切れます。「何か処理を行ったら、そこで一息つく」という感覚を持てば、処理を区切れるようになります。

> **ここがPoint**
> 「何かを行ったら、そこで一息つく」という感覚を持てば、処理を区切れるようになる

焦らないことも重要です。すぐに答えが得られなくても、焦らずに、何か処理を行ってみましょう。両方のバケツに同時に水を汲んだら先に進めないので、とりあえず、3リットルのバケツに水を汲むことからスタートしてみましょう。

手順 1 3リットルのバケツに水を汲む

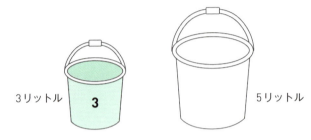

> **ここがPoint**
> あせらずに、落ち着いて、ゆっくり考える

ここで焦ってはいけません。アルゴリズムを考えるのが苦手な人は、焦りすぎなのです。**落ち着いて、ゆっくり考えましょう**。次の手順として、5リットルのバケツに水を汲むと、両方のバケツが一杯になり、先に進めません。3リットルのバケツの水を捨てたら、両方のバケツが空になり、最初の状態に戻ってしまいます。

そうなると、3リットルのバケツの水を、5リットルのバケツに移すしかありません。とりあえずやってみましょう。この「**とりあえずやってみる**」ということが重要です。それによって「わかった！」とひらめくことがあるからです。

> **ここがPoint**
> 「とりあえずやってみる」ことで、「わかった！」とひらめくことがある

手順 2 3リットルのバケツの水を5リットルのバケツに移す

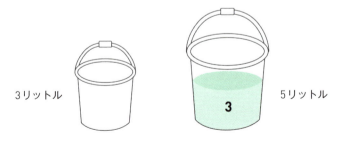

次の手順として、5リットルのバケツの水を捨てたら、両方のバケツが空になり、最初の状態に戻ってしまいます。5リットルのバケツに水を汲んだら、水を

移した意味がありません。そうなると、3リットルのバケツに水を汲むしかありません。とりあえずやってみましょう。

手順3 3リットルのバケツに水を汲む

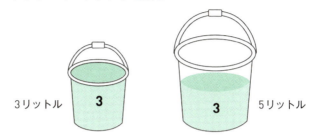

この時点で「わかった！」とひらめいたのではないでしょうか。次の手順として、3リットルのバケツの水を5リットルのバケツに移すと、残りは1リットルになります。1リットルと3リットルを足すと4リットルになります。はやる気持ちを抑えて、3リットルのバケツの水を5リットルのバケツに移しましょう。

手順4 3リットルのバケツの水を5リットルのバケツに移す

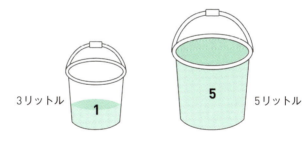

5リットルのバケツの水は必要ないので、捨てましょう。

手順5 5リットルのバケツの水を捨てる

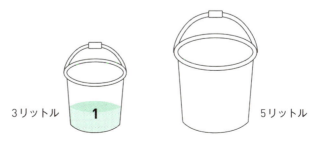

第 1 章　ウォーミングアップ

　さあ、もうすぐです。3リットルのバケツの水を、5リットルのバケツに移しましょう。

> **手順 6**　3リットルのバケツの水を5リットルのバケツに移す

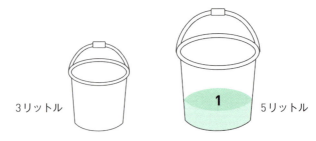

　3リットルのバケツに水を汲みます。これで、3リットルと1リットルで合わせて4リットルになりましたが、焦ってはいけません。まだ4リットルにはなっていないのですから。

> **手順 7**　3リットルのバケツに水を汲む

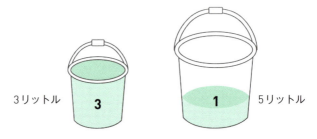

　3リットルのバケツの水を5リットルのバケツに移します。ぴったり4リットルの水が得られました。これで、問題を解くことができました。

> **手順 8**　3リットルのバケツの水を5リットルのバケツに移す

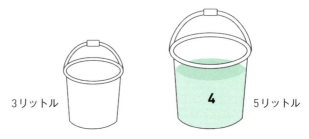

1-1 アルゴリズムとは何か

> **ここがPoint**
> アルゴリズムを考える醍醐味は、「わかった！」という爽快感が得られることである

いかがですか。問題が解けたことで、爽快感が得られたでしょう。それが、アルゴリズムを考える醍醐味です。「**わかった！**」という**爽快感**です。もしも「こんなにコツコツやるとは思わなかった」と感じたとすれば、それが「経験がない」ということです。

> **ここがPoint**
> 数値の変化を追いかけることを「トレースする」と呼ぶ

この問題は、プログラムを作ってコンピュータで解くものではありませんが、コンピュータのアルゴリズムに共通する部分があります。それは、**コツコツと処理が進むときに「数値の変化を追いかける」**ことです。これを「**トレース** (trace) する」といいます。traceは、「追いかける」という意味です。紙の上に数値の変化を書き出したり、頭の中で数値の変化を思い浮かべたりすることが、トレースです。以下にトレースの例を示します。ここでは表形式にしていますが、自分のわかりやすい書き方でかまいません。

「3リットルのバケツに水を汲む」からスタートした場合のトレース結果

手順		3ℓバケツ	5ℓバケツ
初期状態		0	0
手順1	3リットルのバケツに水を汲む	3	0
手順2	3リットルのバケツの水を5リットルのバケツに移す	0	3
手順3	3リットルのバケツに水を汲む	3	3
手順4	3リットルのバケツの水を5リットルのバケツに移す	1	5
手順5	5リットルのバケツの水を捨てる	1	0
手順6	3リットルのバケツの水を5リットルのバケツに移す	0	1
手順7	3リットルのバケツに水を汲む	3	1
手順8	3リットルのバケツの水を5リットルのバケツに移す	0	4

> **ここがPoint**
> 「よりよい手順を考える」ことも重要である

この問題は、アルゴリズムを考えるコツを経験するのに、とてもよくできています。もう1つ重要なコツを知ることができるからです。それは、「**よりよい手順を考える**」ということです。現状の手順では、全部で8回の処理で4リットルの水を得ることができました。もっとよい手順、すなわち8回より少ない回数で4リットルの水を得ることができないでしょうか。考えてみましょう。

19

第 1 章 ウォーミングアップ

現状の手順では、3リットルのバケツに水を汲むことからスタートしています。別の手順として、5リットルのバケツに水を汲むことからスタートしてみましょう。以下にトレースの例を示します。

「5リットルのバケツに水を汲む」からスタートした場合のトレース結果

手順	3ℓバケツ	5ℓバケツ
初期状態	0	0
手順 1 5リットルのバケツに水を汲む	0	5
手順 2 5リットルのバケツの水を3リットルのバケツに移す	3	2
手順 3 3リットルのバケツの水を捨てる	0	2
手順 4 5リットルのバケツの水を3リットルのバケツに移す	2	0
手順 5 5リットルのバケツに水を汲む	2	5
手順 6 5リットルのバケツの水を3リットルのバケツに移す	3	4
手順 7 3リットルのバケツの水を捨てる	0	4

5リットルのバケツに水を汲むことからスタートすると、7回の処理で4リットルの水を得ることができました。3リットルのバケツに水を汲むことからスタートすると8回の処理だったので、5リットルのバケツに水を汲むことからスタートする方が、よりよい手順です。

さらに、もう1つだけ、この問題からアルゴリズムを考えるコツを経験してください。それは、「**アルゴリズムをマスターするには、繰り返し練習する必要がある**」ということです。アルゴリズムは、丸暗記して覚えるものではありません。何度も繰り返し練習して体得するものです。これは、自転車の乗り方や楽器の弾き方を身につけることに似ています。まだまだ理解が不十分だと感じたら、4リットルの水を得る手順のトレースを、何度も繰り返し練習してください。

ここまでのまとめとして、バケツと水の問題から経験できる「アルゴリズムを考えるコツ」を以下に示します。今後も、これらのコツを常に意識してください。

> **ここが Point**
> アルゴリズムをマスターするには、繰り返し練習する必要がある

■ アルゴリズムを考えるコツ

- 処理の区切りを考えて、コツコツと処理を積み重ねる
- 焦らずに、ゆっくり考え、とりあえず何か処理を行ってみる
- 処理による数値の変化をトレースする
- よりよい手順を考える
- 何度も繰り返し練習して体得する

1-1-3 コンピュータのアルゴリズム

コンピュータのアルゴリズムを考えるには、コンピュータにおける処理の種類を知っておく必要があります。それは「入力」「記憶」「演算」「出力」の4つだけです。なぜなら、これら4つがコンピュータにできることのすべてだからです。

小さなマイコン、一般的なパソコン、はては巨大なスーパーコンピュータまで、およそコンピュータと呼ばれるものは、「制御装置」「入力装置」「記憶装置」「演算装置」「出力装置」から構成されていて、これらを**「コンピュータの五大装置（五大機能）」**と呼びます。

> **ここがPoint**
> 「制御装置」「入力装置」「記憶装置」「演算装置」「出力装置」を「コンピュータの五大装置（五大機能）」と呼ぶ

コンピュータの
五大装置

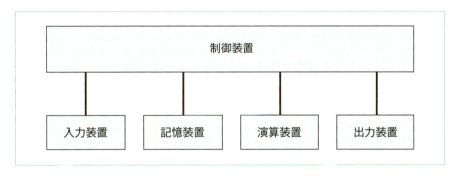

パソコンでは、キーボードやマウスが入力装置です。メモリやハードディスクが記憶装置です。CPU（プロセッサ）が、制御装置と演算装置を兼務しています。液晶ディスプレイやプリンタが、出力装置です。

制御装置が、プログラムの内容を解釈・実行します。それによって、入力装置、記憶装置、演算装置、出力装置が動作します。したがって、**プログラムに記述さ**

れる処理は、必然的に「入力」「記憶」「演算」「出力」の4つだけになります。

コンピュータのアルゴリズムでは、問題が与えられたときに、「何を入力すればよいか？」「何を記憶すればよいか？」「どのような演算をすればよいか？」「何を出力すればよいか？」という4つの処理を考えるのです。

入力したデータは記憶されます。記憶されたデータを演算して、その結果を記憶します。そして、記憶されたデータを出力します。このように、**記憶は常に付いて回るものなので、当たり前のこととして、「入力」「演算」「出力」の3つの処理を考えるのでもかまいません。**

与えられた問題から、コンピュータにおける処理を見出す練習をしてみましょう。以下の問題を解くための処理を「入力」「記憶」「演算」「出力」の4つ、または「入力」「演算」「出力」の3つに分けてください。BMI (Body Mass Index＝体格指数) は、健康診断で示される値の一種で、22が標準で、25以上が肥満、18.5未満が痩せ型と判定されます。

> **●問題** BMIを求めるプログラムを作ってください。BMIは、kg単位の体重を、m単位の身長で2回割ることで求められます。

以下に、「入力」「演算」「出力」の3つに分けた例を示します。

■入力、演算、出力の3つの処理に分けた例

- 身長を入力する
- 体重を入力する
- BMIを演算する
- BMIを出力する

プログラムでは、**変数への代入 (格納) で記憶を表現**します。身長、体重、BMIを、height、weight、bmiという名前の変数に記憶すれば、BMIを求めるプログラムの手順は以下のようになります。**プログラムの内容が、入力、演算、出力、および変数への記憶であることに注目してください。**ここでは、擬似言語でプログラムを記述しています。/＊と＊/で囲んだ部分は、コメントです。

ここがPoint
問題が与えられたときに、「入力」「記憶」「演算」「出力」の4つの処理を考える

ここがPoint
「記憶」は当たり前のこととして、「入力」「演算」「出力」の3つの処理を考えるのでもかまわない

ここがPoint
プログラムでは、変数への代入で記憶を表現する

擬似言語
BMIを求めるプログラム

```
○実数型：height, weight, bmi          /* 変数の宣言 */
・height ← キー入力                    /* 入力（と記憶）*/
・weight ← キー入力                    /* 入力（と記憶）*/
・bmi ← weight ÷ height ÷ height      /* 演算（と記憶）*/
・bmiを表示する                        /* 出力（と記憶）*/
```

コンピュータにおける処理を「入力」「記憶」「演算」「出力」の4つ、または「入力」「演算」「出力」の3つに分けて考えることは、「プログラマ脳（プログラマ独自の感覚）」だといえます。さらに、もう1つ重要なプログラマ脳があります。それは、処理の流れを「順次」「分岐」「繰り返し」の3つに分けて考えることです。

ここが Point
処理の流れは、「順次」「分岐（選択）」「繰り返し」の3つである

コンピュータのアルゴリズムは、処理がコツコツと進んでいくものです。これを「処理が流れる」と考えます。処理の流れは、基本的に上から下に向かって順番に進みます。これを**「順次」**と呼びます。必要に応じて、条件によって処理の流れを**「分岐」**することや、条件によって処理を**「繰り返し」**行うことがあります。分岐は、処理を選んでいるとも考えられるので**「選択」**と呼ぶ場合もあります。

コンピュータにおける処理の流れを考える練習をしてみましょう。以下の問題を解くアルゴリズムから、「順次」「分岐（選択）」「繰り返し」の3つの流れを見出してください。基本は順次なので、分岐と繰り返しを見出すだけでもかまいません。

● 問題 ユーザとコンピュータが、じゃんけんするプログラムを作成してください。グー、チョキ、パーは、1、2、3の数値で表します。ユーザは、キー入力で手を選びます。コンピュータは、乱数で手を選びます。結果として、画面に「あいこ」「ユーザの勝ち」「ユーザの負け」のいずれかを表示します。「あいこ」の場合は、再度勝負を行います。

第 1 章　ウォーミングアップ

　以下に、例を示します。「いずれかを表示」が分岐であること、「再度勝負」が繰り返しであることを見出せればOKです。その他の処理は順次なので気にする必要はありません。

■分岐と繰り返しを見出した例

- 分岐 ………… いずれかを表示
- 繰り返し …… 再勝負

　じゃんけんのプログラムを擬似言語で記述した例を、以下に示します。▲と▼で囲まれた部分が分岐を示し、■と■で囲まれた部分が繰り返しを示しています。擬似言語のこれらの構文は、この後で詳しく説明します。

擬似言語
じゃんけんプログラム

```
○整数型：user, computer
○文字列型：judgement
・user ← ユーザが選んだ手
・computer ← コンピュータが選んだ手
■ user = computer
  ・judgement ← "あいこ"

    user = 1 And computer = 2 Or user = 2 And computer = 3 Or
    user = 3 And computer = 1
  ・judgement ← "ユーザの勝ち"

  ・judgement ← "ユーザの負け"

■
・judgementを表示する
```

　ここまでのまとめとして、BMIを求めるプログラムの作成と、じゃんけんプログラムの作成から経験できる「プログラマ脳」を以下に示します。与えられた問題を4つ（または3つ）の処理に分解し、それらを3つの流れで実行します。

> **ここがPoint**
> 4つ（または3つ）の処理と、3つの流れを考えるのが、プログラマ脳である

■プログラマ脳

- 処理の種類 …… 「入力」「記憶」「演算」「出力」（「入力」「演算」「出力」）
- 流れの種類 …… 「順次」「分岐（選択）」「繰り返し」

1-2 フローチャート、擬似言語、Java、C言語の対応

フローチャート、擬似言語、Java、C言語の対応

1-2

Point 処理の流れの表記
Point 演算子の表記

1-2-1 基本構文

　アルゴリズムを図示する場合には、**フローチャート**がよく使われますが、本書では、アルゴリズムをプログラムで示します。プログラミング言語は、**擬似言語**とJavaを使います。この擬似言語は、国家試験である**基本情報技術者試験**で採用されているものに準拠しています。本書のダウンロードサービスでは、JavaのプログラムだけでなくC言語のプログラムもダウンロード可能です（4ページを参照してください）。

　ここでは、フローチャート、擬似言語、Java、C言語におけるプログラムの表記方法を、それぞれを対応付けて説明します。もしも、ここに示されていない表記方法を使う場合は、そのつど意味を説明します。はじめは、基本構文である「コメント」「変数の宣言」「変数への代入」「関数の呼び出し」です。

■コメント

> **ここが Point**
> コメントは、プログラムの中に任意に記述する注釈である

　コメントとは、プログラムの中に**任意に記述する注釈**です。フローチャートでは、コメントを付ける部分から引き出し線を引いてコメントを記述します。擬似言語、Java、C言語では、プログラムの中にコメントを記述します。Javaには複数のコメントの形式がありますが、本書では `//` だけを使います。以下の例では、「これはコメントです」というコメントを記述しています。

フローチャート

```
    ┌── これはコメントです
```

擬似言語

/* これはコメントです */

Java

// これはコメントです

C言語

/* これはコメントです */

■ 変数の宣言

> **ここがPoint**
> 変数の宣言とは、変数のデータ型と名前を指定して、メモリに記憶領域を確保することである

> **ここがPoint**
> 本書では、整数型(int型)、実数型(double型)、文字型(char型)、論理型(boolean型)を使う

> **ここがPoint**
> 論理型の変数には、trueまたはfalseのどちらかだけを格納できる

変数の宣言とは、それ以降に記述する処理の中で使われる**変数のデータ型と名前を指定して、メモリに記憶領域を確保すること**です。本書では、データ型として**整数型(int型)、実数型(double型)、文字型(char型)、論理型(boolean型)**を使います。論理型の変数には、定数であるtrueまたはfalseのどちらかだけを格納できます。C言語には、論理型がないので、int型で代用し、0をfalseとみなし、0でない数値をtrueとみなします。以下の例では、整数型の変数aを宣言しています。フローチャートでは、変数の宣言を表記しない場合もよくあります。擬似言語では、宣言の先頭に「○」を置きます。

フローチャート

| 整数型の変数aを宣言する |

擬似言語

○整数型：a

Java

int a;

C言語
```
int a;
```

■変数への代入

変数への代入とは、変数に値を格納することです。左辺に置かれた変数に、右辺の値が格納されます（フローチャートでは、逆向きにすることもあります）。右辺には、数値、計算式、関数の呼び出しを記述できます。計算式または関数呼び出しの場合は、右辺の処理が先に行われて、その結果の値が左辺の変数に格納されます。以下の例では、変数aに0という数値を代入しています。擬似言語では、処理の先頭に「・」を置きます。

> **ここがPoint**
> 変数への代入とは、変数に値を格納することである

フローチャート

a ← 0

擬似言語

・a ← 0

Java
```
a = 0;
```

C言語
```
a = 0;
```

■関数の呼び出し

> **ここがPoint**
> 関数（メソッド）は、処理のまとまりに名前を付けたものである

> **ここがPoint**
> 関数は、引数を使って処理を行い、その結果を戻り値として返す

> **ここがPoint**
> 引数がない関数や、戻り値がない関数もある

関数は、処理のまとまりに名前を付けたものです。Javaでは、関数のことを**「メソッド」**と呼びます。関数を使うことを「関数を呼び出す（call）」ともいいます。関数は、カッコの中に指定された**「引数」**を使って何らかの処理を行い、その結果を**「戻り値」**として返します。関数の機能によっては、引数がない場合や戻り値がない場合もあります。以下の例では、変数aとbを引数として、それらの平均値を返すaverage関数を呼び出し、その戻り値を変数aveに代入しています。

フローチャート

```
ave ← average(a, b)
```

擬似言語

・ave ← average(a, b)

Java

```
ave = average(a, b);
```

C言語

```
ave = average(a, b);
```

1-2-2 処理の流れ

基本構文の次は、処理の流れである順次、分岐（選択）、繰り返しの表記方法を説明します。プログラムは、基本的に上から下に向かって流れるので、**順次を表すのに、特殊な表記方法はありません**。分岐と繰り返しには、特殊な表記方法があります。繰り返しのことを**「ループ (loop)」**と呼ぶ場合もあります。

■ 双岐選択

双岐選択は、条件に応じて、2つの処理のどちらかに分岐します（どちらかの処理を選びます）。以下の例では、変数ageに格納されている年齢の値が20以上なら「成人です」と表示する処理に分岐し、そうでないなら「未成年です」と表示する処理に分岐します。多くの場合、処理の流れが2つに分岐した後は1つの流れに合流します。そのため、**分岐は2つの処理のどちらかを選択している**とも考えられるのです。

> **ここが Point**
> 順次を表すのに特殊な表記方法はないが、分岐と繰り返しには特殊な表記方法がある

> **ここが Point**
> 繰り返しのことを「ループ」とも呼ぶ

> **ここが Point**
> 双岐選択は、2つの処理のどちらかに分岐（どちらかを選択）する

フローチャート

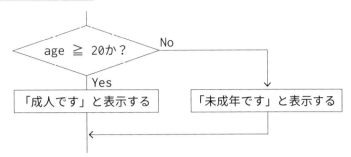

擬似言語

　age ≧ 20
・「成人です」と表示する

・「未成年です」と表示する

Java

```
if (age >= 20) {
  System.out.printf("成人です¥n");
}
else {
  System.out.printf("未成年です¥n");
}
```

C言語

```
if (age >= 20) {
  printf("成人です¥n");
}
else {
  printf("未成年です¥n");
}
```

■ 単岐選択

> **ここがPoint**
> 単岐選択は、条件が真なら処理を行い、偽なら何も処理を行わない

単岐選択は、条件が真であるなら処理を行い、偽なら何も処理を行いません。以下の例では、変数aの値がマイナスなら（0未満なら）、変数aの値をプラスの値にしています。これによって、変数aの絶対値を得ることができます。「-a」は、変数aの値をマイナスにしたものという意味なので、変数aの値がマイナスなら、-aの値はマイナスのマイナスでプラスになります。

フローチャート

擬似言語

```
▲ a < 0
│ ・a ← -a
▼
```

Java

```
if (a < 0) {
  a = -a;
}
```

C言語

```
if (a < 0) {
  a = -a;
}
```

1-2 フローチャート、擬似言語、Java、C言語の対応

■ 前判定の繰り返し

ここがPoint
前判定の繰り返しは、条件をチェックしてから、処理を繰り返す

ここがPoint
Java、C言語、擬似言語では、「〜である限り繰り返す」という表現しかない

ここがPoint
繰り返しの範囲を囲むフローチャートの図記号では、それらがペアであることがわかるように、同じ言葉を書き添える

　前判定の繰り返しは、繰り返しの条件をチェックし、それが真なら処理を繰り返します。繰り返しの条件は、「〜である限り繰り返す」と考える場合と、「〜になるまで繰り返す」と考える場合があります。JavaとC言語には、while（〜である限り）という表現しかないので、「〜になるまで繰り返す」と考えた場合でも、プログラムを記述するときには、「〜である限り繰り返す」という表現に変えなければなりません。これは、繰り返しを「■」で表記する擬似言語でも同様です。

　以下の例では、残金を格納した変数moneyの値が0より大きい限り「買い物をする」という処理を行います（JavaとC言語では、処理をコメントで示しています）。フローチャートでは、ハンバーガーの上と下のようなペアの図記号で、繰り返しの範囲を囲みます。これらの図記号は、ペアであることがわかるように「買い物」と「買い物」のように、同じ言葉を書き添えます。前判定の繰り返しでは、上側の図記号に繰り返しの条件を書きます。下側の図記号に繰り返しの条件を書くと、すぐ後で説明する後判定の繰り返しになります。これは、繰り返しの範囲を「■」で囲んで表記する擬似言語でも同様です。

フローチャート

```
    買い物
money ＞ 0である限り

  買い物をする

    買い物
```

擬似言語

■ money ＞ 0
　・買い物をする
■

Java

```
while (money > 0) {
  // 買い物をする
}
```

C言語

```
while (money > 0) {
  /* 買い物をする */
}
```

■ 後判定の繰り返し

> **ここがPoint**
> 後判定の繰り返しは、処理を行ってから、条件をチェックする

後判定の繰り返しは、処理を行ってから、繰り返しの条件をチェックし、それが真なら処理を繰り返します。処理の結果に応じて、繰り返すかどうかを判断する場合に使われます。擬似言語、Java、C言語では、前判定の繰り返しと同様に「〜である限り繰り返す」という条件にします。

以下の例では、ユーザがキー入力した文字が「y」でも「n」でもない限り、処理を繰り返して再入力を行います（JavaとC言語では、キー入力の処理をコメントで示しています）。このように、**処理の結果（ここではユーザが入力した文字）に応じて、繰り返すかどうかを判断する場合に、後判定の繰り返しが使われます**。

フローチャート

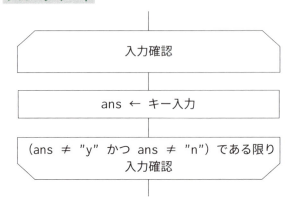

1-2 フローチャート、擬似言語、Java、C言語の対応

擬似言語

```
│ ・ans ← キー入力
■ ans ≠ "y" and ans ≠ "n"
```

Java
```
do {
  // ans = キー入力;
} while (ans != 'y' && ans != 'n');
```

C言語
```
do {
  /* ans = キー入力; */
} while (ans != 'y' && ans != 'n');
```

■ ループカウンタを使った繰り返し

> **ここが Point**
> 繰り返しの回数をカウントする変数を「ループカウンタ」と呼ぶ

> **ここが Point**
> 配列の要素番号（添え字、インデックス）とループカウンタを対応付けることで、配列の要素を先頭から末尾まで順番に処理できる

繰り返しの回数をカウントする変数を**「ループカウンタ」**と呼びます。ループカウンタを使った繰り返しは、配列を処理する場合によく使われます。**配列の要素番号（「添え字」や「インデックス」とも呼ばれる）と、ループカウンタを対応付けることで、配列の先頭から末尾までの要素を1つずつ順番に処理できるから**です。

以下の例では、要素数10個の配列a[0]～a[9]の値を、1つずつ順番に表示しています（JavaとC言語では、表示の処理をコメントで示しています）。ここでは、変数iがループカウンタです。擬似言語では、「■」の後に「ループカウンタ：初期値，継続条件，更新」を記述します。この表現は、JavaやC言語に似ています。ただし、擬似言語では、「i++」という表現ではなく、「更新」に「1」と記述することで、ループカウンタiの値を1つ増やすことを示します。

33

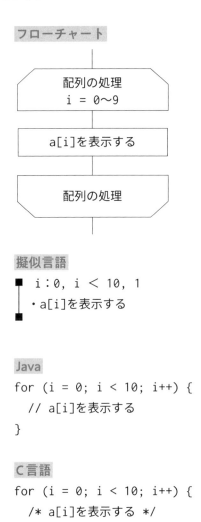

```
擬似言語
■ i：0, i ＜ 10, 1
 ・a[i]を表示する
■
```

```Java
for (i = 0; i < 10; i++) {
  // a[i]を表示する
}
```

```C言語
for (i = 0; i < 10; i++) {
  /* a[i]を表示する */
}
```

1-2-3 演算子

ここがPoint
演算子は、演算を意味する記号や文字列である

演算子は、演算を意味する記号や文字列です。演算子の種類には、加減乗除の四則演算を行う「**算術演算子**」、値の大きさを比べる「**比較演算子**」、条件を結び付けたり否定したりする「**論理演算子**」などがあります。プログラミング言語の種類によって、特殊な演算子（C言語のポインタ関連の演算子など）が用意されている場合もありますが、本書では一般的な演算子だけを使います。

■ 算術演算子

ここがPoint
整数の除算では、除算結果の小数点以下が切り捨てられる

以下に**算術演算子**の種類を示します。整数型のデータでは、除算結果の小数点以下が切り捨てられます。「剰余」とは、整数型のデータの割り算の余りを求めることです。

演算	フローチャート	擬似言語	Java	C言語
加算	＋	＋	+	+
減算	－	－	-	-
乗算	×	×	*	*
除算	÷	÷	/	/
剰余	Mod	％	%	%

■ 比較演算子

ここがPoint
比較演算の演算結果は、真（true）または偽（false）のどちらかになる

ここがPoint
JavaとC言語では、「等しい」を==で表す

以下に**比較演算子**の種類を示します。比較演算子の演算結果は、真（true）または偽（false）のどちらかになります。JavaとC言語では、「等しい」を、イコール（=）を2つ並べて（==）表記することに注意してください。JavaとC言語では、イコール1つは代入の表記になるので、それと区別するためです。

演算	フローチャート	擬似言語	Java	C言語
等しい	=	=	==	==
等しくない	≠	≠	!=	!=
より大きい	>	>	>	>
以上	≧	≧	>=	>=
より小さい	<	<	<	<
以下	≦	≦	<=	<=

■論理演算子

以下に**論理演算子**の種類を示します。論理演算子は、「かつ」「または」「でない」という意味を持つ演算子で、条件を結び付けたり否定したりします。**論理否定、論理積、論理和**の順に、優先順位が高いことに注意してください。たとえば、条件A and not 条件B or not 条件A and 条件Bの優先順位をカッコで囲んで示すと、(条件A and (not 条件B)) or ((not 条件A) and 条件B) になります。

> 🔴 **ここがPoint**
> 論理演算子は、論理否定、論理積、論理和の順に、優先順位が高い

演算	フローチャート	擬似言語	Java	C言語
論理積	かつ、and	and	&&	&&
論理和	または、or	or	||	||
論理否定	でない、not	not	!	!

1-3 ユークリッドの互除法

- **Point** アルゴリズムのトレース
- **Point** アルゴリズムの表記

1-3-1 アルゴリズムの説明

フローチャート、擬似言語、Java、C言語の対応の具体例として、それぞれで**「ユークリッドの互除法」**というアルゴリズムを表記してみましょう。ユークリッドの互除法は、**2つの整数の最大公約数（両方を割り切れる最大の数）を求める**アルゴリズムです。ここでは、変数aと変数bに格納された整数の最大公約数を求めて画面に表示するとします。

以下に、ユークリッドの互除法のアルゴリズムを示します。

> ① 2つの整数の大きい方から小さい方を引くことを、両者が等しくなるまで繰り返す
> ② 等しくなった値が、最大公約数である

> **ここが Point**
> 「ユークリッドの互除法」は、2つの整数の最大公約数を求めるアルゴリズムである

「～になるまで繰り返す」ですから、擬似言語、Java、C言語では、「～である限り繰り返す」に言い換える必要があります。「両者が等しくなるまで繰り返す」と同じ条件を「～である限り繰り返す」で言い換えると、「**両者が等しくない限り繰り返す**」になります。

> **ここが Point**
> 擬似言語、Java、C言語では、「～になるまで繰り返す」を「～である限り繰り返す」と言い換える必要がある

> ① 2つの整数の大きい方から小さい方を引くことを、両者が等しくない限り繰り返す
> ② 等しくなった値が、最大公約数である

第 1 章 ウォーミングアップ

> **ここが Point**
> 人間の勘に頼っている手順は、アルゴリズムとは呼べない

ユークリッドの互除法は、この章の冒頭で説明した「アルゴリズムとは何か？」を説明する題材として、よく取り上げられます。アルゴリズムは、明確で有限でなければなりません。人間の勘に頼っていて、あやふやな部分があったり、いつ終わるかわからなかったりする手順は、アルゴリズムと呼べないのです。

例として、30 と 50 の最大公約数を求めてみましょう。中学や高校では、「30 と 50 を素因数分解（整数を素数の積で表す）して共通項を抜き出す」という手順で、最大公約数を求めました。以下のように、2×5 が共通するので、30 と 50 の最大公約数は、$2 \times 5 = 10$ です。

$$
\begin{aligned}
30 &= \boxed{2 \times 5} \times 3 \\
50 &= \boxed{2 \times 5} \times 5
\end{aligned}
$$

共通する

しかし、この手順には、あやふやな部分があります。30 を割れる素数が、2 と 5 と 3 であることが、どうしてわかるのでしょう。50 を割れる素数が、2 と 5 と 5 であることが、どうしてわかるのでしょう。**どちらも人間の勘に頼っています**。その証拠に、「1234567 と 7654321 の最大公約数を求めよ」という問題だったらどうでしょう。人間の勘では、素因数分解できないでしょう。

$$
\begin{aligned}
1234567 &= ? \times ? \cdots\cdots \\
7654321 &= ? \times ? \cdots\cdots
\end{aligned}
$$

> **ここが Point**
> ユークリッドの互除法には、あやふやな部分がない

それに対して、ユークリッドの互除法には、あやふやな部分がありません。最初の手順として、1234567 と 7654321 のどちらが大きいかを明確に判断できます。7654321 です。大きい方から小さい方を引くことも明確にできます。$7654321 - 1234567 = 6419754$ です。次の手順として、1234567 と 6419754 のどちらが大きいかを明確に判断できます。6419754 です。大きい方から小さい方を引くことも明確にできます。$6419754 - 1234567 = 5185187$ です。以下、同様の手順を繰り返して、両者が等しくなったことも明確に判断できます。最終的に、両者は 1 と 1 で等しくなるので、最大公約数は 1 です。つまり、1234567 と 7654321 は、「互いに素（共通の約数が 1 しかない）」です。

ただし、ユークリッドの互除法のアルゴリズムを使って、手作業で1234567と7654321の最大公約数を求めることは、やらない方がよいでしょう。なぜなら、プログラムを作って調べたところ、全部で8,837回の引き算が行われたからです。コンピュータなら瞬時に処理できる処理回数ですが、手作業では何時間もかかるでしょう。すぐ後で、30と50の最大公約数を手作業で求めてみますので、そこでユークリッドの互除法のアルゴリズムを経験してください。

1-3-2 アルゴリズムのトレースと仕組み

ユークリッドの互除法のアルゴリズムを使って、手作業で30と50の最大公約数を求めてみましょう。素因数分解による手順で、10になることがわかっています。ユークリッドの互除法でも10になることを確認してみましょう。

手順 1 30と50を比べて、50の方が大きいので、50から30を引き20にする。30は何もしなかったので、そのままにする

```
30    50
 ↓     ↓
30    20
```

手順 2 30と20を比べて、30の方が大きいので、30から20を引き10にする。20は何もしなかったので、そのままにする

```
30    20
 ↓     ↓
10    20
```

手順 3 10と20を比べて、20の方が大きいので、20から10を引き10にする。10は何もしなかったので、そのままにする。この時点で、両者が等しくなった。したがって、最大公約数は10である

```
10    20
 ↓     ↓
10    10
```

第1章　ウォーミングアップ

なぜ、ユークリッドの互除法のアルゴリズムで最大公約数が求められるのでしょうか。仕組みを説明しましょう。これは、数学的な証明ではなく、仕組みのイメージを伝える説明です。アルゴリズム自体は明確でなければいけませんが、その仕組みは、イメージをつかむだけでも十分に価値があります。「仕組みはわからないけど、示された手順のとおりにやったらできた」では楽しくないからです。**仕組みのイメージがつかめれば、「わかった！」という爽快感が得られます。さらに、そのイメージを別の問題を解くときに応用できます。**応用の例は、後で示すクイズや章末のコラムで紹介します。

> **ここがPoint**
> アルゴリズム自体は、明確でなければならないが、アルゴリズムの仕組みは、イメージをつかむだけでも十分に価値がある

それでは、仕組みのイメージを説明します。縦30×横50の長方形があるとします。30と50の最大公約数が、10だとわかっているとします。そうすると、縦30×横50の長方形は、縦10×横10の正方形を並べて作ることができます。

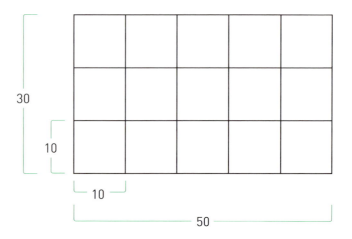

ユークリッドの互除法は、縦30×横50の長方形から、縦10×横10の正方形を切り出す手順を示しています。以下のように、縦と横で、長い方の辺を切り落としていくと、縦10×横10の正方形が得られます。これが、ユークリッドの互除法のアルゴリズムのイメージです。お互いに取り除く（長い方の辺を切り落とす）方法なので、互除法と呼ぶのです。

> **手順 1** 50 から 30 を切り落とす

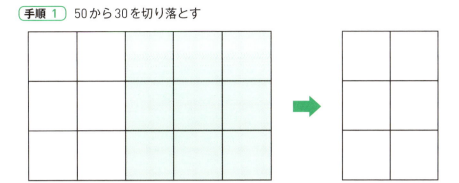

> **手順 2** 30 から 20 を切り落とす

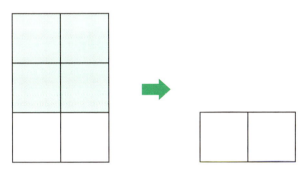

> **手順 3** 20 から 10 を切り落とすと、10 × 10 の正方形が得られる

> **Q**uiz　最小公倍数を求めるには？
>
> 　中学や高校で最大公約数を学んだときに、最小公倍数（2つの整数に共通した最小の倍数）も学んだはずです。最小公倍数を求めるアルゴリズムを考えてください。
>
> **ヒント** 中学や高校では、素因数分解して、共通する項と共通しない項を掛け合わせることで、最小公倍数を求めました。たとえば、30＝2×5×3、50＝2×5×5では、2×5が共通する項であり、30の3と、50の5が共通しない項なので、30と50の最小公倍数は、2×5×3×5＝150です。このアルゴリズムでは、素因数分解する手順があやふやです。明確なアルゴリズムを考えてください。
>
> 解答は 280ページ にあります。

1-3-3　アルゴリズムの表記

　フローチャート、擬似言語、Java、C言語のそれぞれで、ユークリッドの互除法のアルゴリズムを表記してみましょう。ここでは、変数aと変数bにキー入力された整数の最大公約数を画面に表示します。

フローチャート

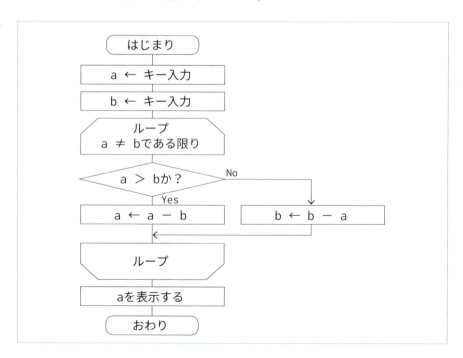

1-3 ユークリッドの互除法

擬似言語

```
○整数型：a, b
・a ← キー入力
・b ← キー入力
■ a ≠ b
│  a > b
│ ・a ← a － b
├─────
│ ・b ← b － a
■
・aを表示する
```

Java Euclid.java

```java
import java.util.Scanner;

public class Euclid {
  public static void main(String[] args) {
    Scanner scn = new Scanner(System.in);
    int a, b;

    a = scn.nextInt();
    b = scn.nextInt();

    while (a != b) {
      if (a > b) {
        a -= b;
      }
      else {
        b -= a;
      }
    }

    System.out.printf("%d\n", a);
  }
}
```

Javaのプログラムの実行結果の例

```
C:\gihyo>java Euclid
30
50
10
```

```
C:\gihyo>java Euclid
1234567
7654321
1
```

C言語
Euclid.c

```c
#include <stdio.h>

int main() {
  int a, b;

  scanf("%d", &a);
  scanf("%d", &b);

  while (a != b) {
    if (a > b) {
      a -= b;
    }
    else {
      b -= a;
    }
  }

  printf("%d\n", a);

  return 0;
}
```

C言語のプログラムの実行結果の例

```
C:\gihyo>Euclid.exe
30
50
10
```

```
C:\gihyo>Euclid.exe
1234567
7654321
1
```

　この章では、アルゴリズムをフローチャート、擬似言語、Java、C言語、それぞれで表記しましたが、第2章以降では、擬似言語とJavaだけで表記します。C言語のコードは、ダウンロードサービスで提供します。

確認問題

Q1 以下の説明が正しければ○を、正しくなければ×を付けてください。

(1) 擬似言語では、/＊と＊/で囲んでコメントを示す
(2) 関数のカッコの中に指定する値を因数と呼ぶ
(3) 関数が処理結果として返す値を戻り値と呼ぶ
(4) ％は、擬似言語、Java、C言語で乗算を行う演算子である
(5) ==は、JavaとC言語で、等しいことを比較する演算子である

Q2 以下は、ユークリッドの互除法で変数aと変数bの最大公約数を求めて、その値を画面に表示する擬似言語のプログラムです。空欄に適切な語句や演算子を記入してください。

○整数型：a, b
・a ← キー入力
・b ← キー入力

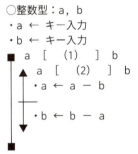

　■　a　[　(1)　]　b
　　　a　[　(2)　]　b
　　・a ← a － b

　　・b ← b － a

　■

・aを表示する

解答は **284**ページ にあります。

COLUMN

ユークリッドの互除法のよりよい手順

　この章の前半部で、アルゴリズムを考えるコツの1つとして、「よりよい手順を考える」を紹介しました。ユークリッドの互除法でも、よりよい手順が考えられます。この章の本文では、「大きい方から小さい方を引くことを繰り返す」という手順でしたが、これを「大きい方を小さい方で割った余りを求めることを繰り返す」という手順にすると、より少ない手順で最大公約数を求められます。たとえば、15と50の最大公約数を求める場合には、大きい方から小さい方を引く手順では、以下のように5回の処理になります。

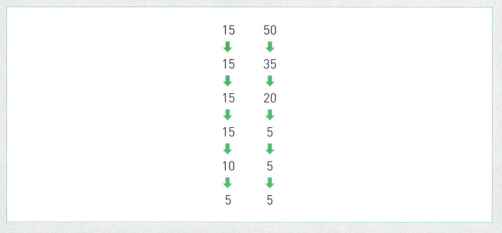

　それに対して、大きい方を小さい方で割った余りを求める手順では、以下のように2回の処理になります。割った余りを求めることは、大きい方から小さい方を繰り返し取り除いていることと同じです。たとえば、50を15で割った余りの5を求めることは、50から15を3回取り除くことと同じです。まとめて取り除けるので、処理回数が少なくなるのです。

手順1 15と50を比べて、50の方が大きいので、50を15で割った余りの5を求める。15は何もしなかったので、そのままにする

手順2 5と15を比べて、15の方が大きいので、15を5で割った余りを求めると0になる。余りが0になったとき、割った数の5が最大公約数である

第 2 章

ループと配列の
基本と線形探索

この章の前半部では、ループで配列を処理するときの基本的な手順を学ぶために、配列の合計値を求めるアルゴリズムを考えます。シンプルなアルゴリズムですが、様々なポイントが含まれています。後半部では、ランダムな配列の中から目的のデータを見つける線形探索のアルゴリズムを学びます。前半部で学んだ知識があれば容易に理解できるはずです。どちらのアルゴリズムも、まず擬似言語で手順を詳細化してから、Javaで実装して動作を確認します。次に、同じ手順を手作業でトレースすることで、アルゴリズムを体得します。最後に、Javaのプログラムにトレースのコードを追加し、プログラムの実行結果を見て変数の変化を確認します。この学習手順は、第3章以降でも同様です。

第 2 章　ループと配列の基本と線形探索

2-1 ループと配列の基本

Point　ループカウンタと配列の添え字を対応付ける
Point　変数を初期化する

2-1-1　配列の合計値を求めるアルゴリズム

ここがPoint
「線形探索」は、ランダムな配列の中から目的のデータを見つけるアルゴリズムである

　この章のメインテーマは、ランダムな配列の中から目的のデータを見つける**「線形探索（sequential search）」**です。線形探索では、**ループ（繰り返し）**で**配列**を処理します。
　線形探索のアルゴリズムを説明する前に、ループで配列を処理するときの基本的な手順を説明しておきます。例として、以下に示した配列 a の合計値を、変数 sum に得るアルゴリズムを考えてみましょう。

a[0]	a[1]	a[2]	a[3]	a[4]	a[5]	a[6]	a[7]	a[8]	a[9]
72	68	92	88	41	53	97	84	39	55

ここがPoint
プログラミング言語の種類によって、配列の添え字を0から始めるものと、1から始めるものがある

　プログラミング言語の種類によって、配列の添え字を0から始めるものと、1から始めるものがあります。本書で取り上げているJavaとC言語は、どちらも配列の添え字を0から始めるので、本書で示すサンプルでも、配列の添え字を0から始めることにします。

2-1 ループと配列の基本

> **Quiz　なぜ配列の先頭が0番なのか？**
>
> 配列は、データを入れる箱が並んでいるデータ構造です。一般的な感覚では、10個の箱が並んでいれば、1番～10番という番号を付けるでしょう。10個の箱があるのに、末尾が9番ではおかしいからです。ところが、JavaやC言語では、10個の箱に0番～9番という番号を付けます。なぜでしょうか？
>
> **ヒント** JavaやC言語では、0～9が番号とは違う意味を持っています。
>
> 解答は **281ページ** にあります。

　配列の合計値を求めるアルゴリズムの概要を言葉で説明すると、以下のようになります。概要がつかめたら、それを擬似言語で明確に詳細化して、Javaで実装してみましょう。**実装とは、実際に動作するプログラムにすること**です。

> **ここがPoint**
> 「実装」とは、実際に動作するプログラムにすることである

> 配列aの先頭から末尾まで、1つずつ順番に要素を取り出し、それらの値を合計値sumに足すことを繰り返す。

　以下は、配列aの合計値をsumに求めるアルゴリズムを擬似言語で記述したものです。「○整数型：a[ ] = { 72, 68, 92, 88, 41, 53, 97, 84, 39, 55}」という表記は、要素の値を指定して整数型の配列aを宣言することを意味します。ここでは、10個の要素があります。整数型のiは、ループカウンタです。

擬似言語

```
○整数型：a[] = { 72, 68, 92, 88, 41, 53, 97, 84, 39, 55 }
○整数型：sum, i
・sum ← 0
■ i：0, i ＜ 10, 1
 ・sum ← sum + a[i]
■
・sumの値を表示する
```

　このプログラムから、ループで配列を処理するときの基本的な手順を知ることができます。まず、「・sum ← 0」という処理に注目してください。合計値を格納する変数sumに0を代入しています。この処理は、変数sumに正しい合計値を得るために必要です。

理由を説明しましょう。「○整数型：sum」の部分で変数sumを宣言すると、メモリ上に変数sumのための領域が割り当てられます。この領域には、それまでに何らかの用途でメモリが使われていたときのデータが残っています。これが、仮に123という値だとしたら、宣言直後に変数sumの値が123になります。そのまま変数sumに配列aの要素を足していったら、合計値が正確な値より123だけ大きくなってしまいます。そうならないように、変数sumに0を代入しているのです。このように、変数に適切な初期値を代入することを「**変数を初期化する**」といいます。

> **ここがPoint**
> 変数に適切な初期値を代入することを「変数を初期化する」という

次に、「■ i：0, i＜10, 1」の部分に注目してください。配列aの要素は、a[0]～a[9]なので、それに合わせれば「■ i：0, i≦9, 1」という表記になります。どちらでも正しい結果が得られますが、プログラミング言語としてJavaやC言語を使う場合には、「■ i：0, i＜10, 1」という表記を使う方が一般的です。「i＜10」は、「i＜配列の要素数」を意味しています。JavaやC言語では、**配列の要素数（ここでは10）を指定することが多いので、このような表記を使うのです。**

今度は、「・sum ← sum ＋ a[i]」のa[i]の部分に注目してください。配列の添え字をループカウンタiと対応付けたa[i]によって、ループで配列を処理します。これが、ループで配列を処理するときの最も重要なポイントです。ここでは、iの値が0～9まで1ずつ増えるので、a[0]～a[9]を順番に処理できます。

> **ここがPoint**
> 配列の添え字をループカウンタと対応付けることで、ループで配列を処理する

変数の値は、何度でも上書きできます。変数sumにa[0]～a[9]を順番に足していく処理は、「現在のsumの値にa[i]の値を足し、その結果でsumを上書きする」ことを繰り返して実現されます。「・sum ← sum ＋ a[i]」の部分を繰り返します。**右辺の加算が先に行われ、その結果が左辺の変数に代入されます。**

> **ここがPoint**
> 変数の値は、何度でも上書きできる。代入では、右辺の処理が先に行われ、その結果が左辺の変数に代入される

JavaでプログラムをSっって、配列の合計値が得られることを確認してみましょう。以下は、先ほど擬似言語で示したアルゴリズムをJavaで記述したものです。SumOfArray.javaというファイル名で作成してください。

Java
SumOfArray.java

```java
public class SumOfArray {
  public static void main(String[] args) {
    int[] a = { 72, 68, 92, 88, 41, 53, 97, 84, 39, 55 };
    int sum, i;

    sum = 0;
    for (i = 0; i < a.length; i++) {
```

```
      sum += a[i];
    }
    System.out.printf("sum = %d¥n", sum);
  }
}
```

　Javaでは、a.lengthで、配列aの要素数（ここでは10）が得られます。そして、i < a.length（iが10未満、すなわち9まで）という条件で繰り返しを行います。擬似言語の「・sum ← sum + a[i]」を、Javaでsum = sum + a[i];と記述しても間違いではありませんが、sum += a[i];と短く記述するのが一般的です。

ここが Point
プログラムの実行結果が正しいことを確認するために、手作業で計算した結果と比較する

　Javaのプログラムの実行結果を以下に示します。手作業で計算すると、72＋68＋92＋88＋41＋53＋97＋84＋39＋55＝689なので、正しい結果が得られていることがわかります。**プログラムの実行結果が正しいことの確認は、手作業で計算した結果と比較してください。**

Javaのプログラムの実行結果

```
C:¥gihyo>java SumOfArray
sum = 689
```

2-1-2　アルゴリズムのトレース

ここが Point
本書の第2章以降では、「(1)アルゴリズムの説明」➡「(2)アルゴリズムのトレース」➡「(3)Javaによるアルゴリズムのトレース」という順序で学習し、アルゴリズムを確実にマスターする

　本書の第2章以降では、それぞれのアルゴリズムを「(1)アルゴリズムの説明」➡「(2)アルゴリズムのトレース」➡「(3)Javaによるアルゴリズムのトレース」という順序で学習します。そうすることで、アルゴリズムを確実にマスターできるからです。

　(1)**アルゴリズムの説明**では、文書でアルゴリズムの概要を説明し、それを擬似言語で明確に詳細化して、さらにJavaで実装して実行結果を確認します。これによって、アルゴリズムを理解し、適切な結果が得られることを体験できます。

　(2)**アルゴリズムのトレース**では、擬似言語とJavaの処理手順を手作業でトレースします。これによって、アルゴリズムを体得できます。

　(3)**Javaによるアルゴリズムのトレース**では、Javaのコードに、Javaの処理

内容を画面に表示するコードを追加します。この実行結果を見ることで、アルゴリズムとJavaのコードの対応の理解が深まります。

それでは、要素数10個の配列aの合計値を変数sumに得るアルゴリズムを、手作業でトレースしてみましょう。以下に示した手順を1つずつ確認してください。ここでは、配列の要素や変数の値が変化したことを、アミカケして示しています。**値の変化を追いかけることがトレースです。**「？」は、値が不定である（まだ初期化されていない）ことを示しています。表示することは「表示する」というフキダシで示しています。とても単純なトレースですが、このような基礎からしっかりと体得することが重要です。アミカケされた部分に注目すると、配列aの値は変化せず、変数sumと変数iが変化していくことがわかります。このような感覚をつかむことが重要なのです。

> **ここがPoint**
> それぞれの手順における変数や配列の値の変化を追いかけることがトレースである

手順1 sumの値を0で、iの値を0で初期化する

a[0]	a[1]	a[2]	a[3]	a[4]	a[5]	a[6]	a[7]	a[8]	a[9]
72	68	92	88	41	53	97	84	39	55

sum: 0　　i: 0

手順2 sumにa[0]の値を足し、iの値を1増やす

a[0]	a[1]	a[2]	a[3]	a[4]	a[5]	a[6]	a[7]	a[8]	a[9]
72	68	92	88	41	53	97	84	39	55

sum: 72　　i: 0

手順3 sumにa[1]の値を足し、iの値を1増やす

a[0]	a[1]	a[2]	a[3]	a[4]	a[5]	a[6]	a[7]	a[8]	a[9]
72	68	92	88	41	53	97	84	39	55

sum: 140　　i: 1

2-1　ループと配列の基本

手順 4　sumにa[2]の値を足し、iの値を1増やす

a[0]	a[1]	a[2]	a[3]	a[4]	a[5]	a[6]	a[7]	a[8]	a[9]
72	68	92	88	41	53	97	84	39	55

sum: 232　　i: 2

手順 5　sumにa[3]の値を足し、iの値を1増やす

a[0]	a[1]	a[2]	a[3]	a[4]	a[5]	a[6]	a[7]	a[8]	a[9]
72	68	92	88	41	53	97	84	39	55

sum: 320　　i: 3

手順 6　sumにa[4]の値を足し、iの値を1増やす

a[0]	a[1]	a[2]	a[3]	a[4]	a[5]	a[6]	a[7]	a[8]	a[9]
72	68	92	88	41	53	97	84	39	55

sum: 361　　i: 4

手順 7　sumにa[5]の値を足し、iの値を1増やす

a[0]	a[1]	a[2]	a[3]	a[4]	a[5]	a[6]	a[7]	a[8]	a[9]
72	68	92	88	41	53	97	84	39	55

sum: 414　　i: 5

第 2 章 ループと配列の基本と線形探索

手順 8 sumにa[6]の値を足し、iの値を1増やす

a[0]	a[1]	a[2]	a[3]	a[4]	a[5]	a[6]	a[7]	a[8]	a[9]
72	68	92	88	41	53	97	84	39	55

sum: 511　i: 6

手順 9 sumにa[7]の値を足し、iの値を1増やす

a[0]	a[1]	a[2]	a[3]	a[4]	a[5]	a[6]	a[7]	a[8]	a[9]
72	68	92	88	41	53	97	84	39	55

sum: 595　i: 7

手順 10 sumにa[8]の値を足し、iの値を1増やす

a[0]	a[1]	a[2]	a[3]	a[4]	a[5]	a[6]	a[7]	a[8]	a[9]
72	68	92	88	41	53	97	84	39	55

sum: 634　i: 8

手順 11 sumにa[9]の値を足し、iの値を1増やす

a[0]	a[1]	a[2]	a[3]	a[4]	a[5]	a[6]	a[7]	a[8]	a[9]
72	68	92	88	41	53	97	84	39	55

sum: 689　i: 9

2-1 ループと配列の基本

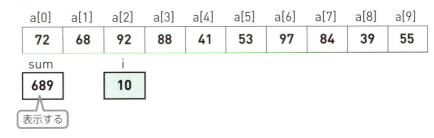

手順12 sumの値を表示する

手順12で、ループカウンタである変数iの値が、9ではなく10になっていることに注目してください。a[0]〜a[9]という要素を順番にsumに足すので、iは0〜9まで変化すればよいはずです。それでは、どうしてiが9を超えて10になるのでしょう。その理由は、「i < a.length」つまり「i < 10」という条件に注目すればわかります。

ここでは、「i < 10」という条件が真である限り繰り返しが行われます。この繰り返しを終えるには、「i < 10」という条件が偽にならなければなりません。iが9では、「i < 10」という条件が真です。その後で、さらにiの値が1増やされて10になることで、「i < 10」という条件が偽になります。そのため、繰り返しを終えた時点（手順12）では、iの値が10になるのです。このことは、すぐ後で行うJavaによるアルゴリズムのトレースで確認できます。

ここがPoint
繰り返しの条件が偽になることで、繰り返しが終了する

2-1-3 Javaによるアルゴリズムのトレース

ここでは、現状のJavaのコードに、トレースのためのコード（変数の値の変化を表示するコード）を追加します。それによって、プログラムの実行結果で、先ほど手作業で行ったことと同様の変数の変化を確認できます。プログラムの内容を理解するために、トレースのためのコードを追加することは、アルゴリズムとプログラムを対応付けて理解するのに、とても効果的です。

ここがPoint
トレースのためのコードを追加することは、アルゴリズムとプログラムを対応付けて理解するのに、とても有効である

以下に、トレースのためのコードを追加したプログラムを示します。SumOfArrayTrace.javaというファイル名で作成してください。

第2章 ループと配列の基本と線形探索

Java
SumOfArrayTrace.java

```java
public class SumOfArrayTrace {
  public static void main(String[] args) {
    int[] a = { 72, 68, 92, 88, 41, 53, 97, 84, 39, 55 };
    int sum, i;

    sum = 0;
    System.out.printf("ループの前：sum = %d\n", sum);

    for (i = 0; i < a.length; i++) {
      sum += a[i];
      System.out.printf("ループの中：sum = %d,\ti = %d\n", sum, i);
    }

    System.out.printf("sum = %d\n", sum);
    System.out.printf("ループの後：sum = %d,\ti = %d\n", sum, i);
  }
}
```

以下に、プログラムの実行結果を示します。初期値として0が代入された変数sumに、ループカウンタiの値を0～9まで変化させる繰り返しで、配列の要素が順番に格納されていく様子が確認できます。繰り返しを終えた後（ループの後）で、ループカウンタiの値が10になっていることも確認できます。

Javaのプログラムの実行結果

```
C:\gihyo>java SumOfArrayTrace
ループの前：sum = 0
ループの中：sum = 72,    i = 0
ループの中：sum = 140,   i = 1
ループの中：sum = 232,   i = 2
ループの中：sum = 320,   i = 3
ループの中：sum = 361,   i = 4
ループの中：sum = 414,   i = 5
ループの中：sum = 511,   i = 6
ループの中：sum = 595,   i = 7
ループの中：sum = 634,   i = 8
ループの中：sum = 689,   i = 9
sum = 689
ループの後：sum = 689,   i = 10
```

2-2 線形探索

Point 繰り返しを途中終了する方法
Point 見つからなかったことを示す方法

2-2-1 線形探索のアルゴリズム

線形探索は、ランダムな配列の中から目的のデータを見つけるアルゴリズムです。ランダムと断っているのは、ソート済み（大きさの順に整列済み）の配列であれば、第3章で説明する二分探索を使った方が効率的だからです。要素数10個のランダムな配列aの中から、変数xに格納されたものと同じ値を見つける場合を例にして、線形探索のアルゴリズムを説明します。

> **ここがPoint**
> ソート済みの配列であれば、線形探索より二分探索を使った方が効率的である

a[0]	a[1]	a[2]	a[3]	a[4]	a[5]	a[6]	a[7]	a[8]	a[9]
72	68	92	88	41	53	97	84	39	55

見つかった場合は、要素の添え字を表示します。たとえば、xの値が53ならa[5]と同じ値なので「5」を表示し、その時点で処理を終了します。これは、もし配列aの中にxと同じ値が複数あっても、最初に見つけた時点で処理を終了するという意味です。見つからなかった場合は、「-1」を表示します。-1は、要素の添え字としてあり得ない値だからです。

> **ここがPoint**
> もしも配列の中に目的の値が複数あっても、最初に見つけた時点で処理を終了する

線形探索のアルゴリズムの概要を言葉で説明すると、以下のようになります。ここでは、見つかった位置を格納する変数をposとしています。**探索のアルゴリズムのポイントは、見つからないことを意味する-1でposを初期化することです。**見つからないと仮定して探索を行い、見つかったらposを上書き変更するのです。

> **ここがPoint**
> 探索のアルゴリズムのポイントは、探索結果を格納する変数を、「見つからない」を意味する値で初期化することである

第 2 章　ループと配列の基本と線形探索

> ① posを−1で初期化する
> ② ループカウンタiを0〜9まで変化させる繰り返しで、a[i] とxを比較し、同じ値だったら、posを要素番号iで上書き変更して、繰り返しを終了する
> ③ posの値を表示する

　以下は、線形探索のアルゴリズムを擬似言語で記述したものです。この章の前半部で説明した、配列の合計値を求めるプログラムと似ていると感じるでしょう。似ているので理解しやすいはずです。ここでは、xにキー入力した値を探索しています。

擬似言語

```
○整数型：a[] = { 72, 68, 92, 88, 41, 53, 97, 84, 39, 55 }
○整数型：x, pos, i
・x ← キー入力
・pos ← −1
■ i：0, i ＜ 10 and pos ＝ −1, 1
  ▲ a[i] ＝ x
    ・pos ← i

・posの値を表示する
```

　繰り返しの条件である「i ＜ 10 and pos ＝ −1」に注目してください。「i ＜ 10」という条件と「pos ＝ −1」という条件を and（論理積、かつ）で結び付けています。「i ＜ 10」という条件だけでは、xと同じ値が見つかっても、繰り返しが終了しません。「pos ＝ −1」という条件があることで、xと同じ値が見つかった時点で、繰り返しを終了できるのです。

　posには、初期値として−1が格納されています。この−1は、見つからないことを意味します。もしもxと同じ値が見つかると「・pos ← i」によって、posの値が配列の添え字（−1ではない値）で上書き変更されます。したがって、「pos ＝ −1」という条件は、「まだ見つかっていない」という意味になります。これを、「i ＜ 10」という条件にandで結び付けて「i ＜ 10 and pos ＝ −1」にすると、「まだ配列の末尾までチェックしていない、かつ、まだ見つかっていない限り繰り返す」という意味になります。

> **❗ここがPoint**
> 線形探索では、「まだ配列の末尾までチェックしていない、かつ、まだ見つかっていない」という条件で繰り返しを行う

2-2 線形探索

　Javaでプログラムを作って、線形探索でデータを見つけられることを確認してみましょう。以下は、先ほど擬似言語で示したアルゴリズムをJavaで記述したものです。SequentialSearch.javaというファイル名で作成してください。

Java
SequentialSearch.java

```java
import java.util.Scanner;

public class SequentialSearch {
  public static void main(String[] args) {
    Scanner scn = new Scanner(System.in);
    int[] a = { 72, 68, 92, 88, 41, 53, 97, 84, 39, 55 };
    int x, pos, i;

    System.out.printf("x = ");
    x = scn.nextInt();
    pos = -1;

    for (i = 0; i < a.length && pos == -1; i++) {
      if (a[i] == x) {
        pos = i;
      }
    }

    System.out.printf("pos = %d¥n", pos);
  }
}
```

　擬似言語にはありませんでしたが、Javaのプログラムでは画面に「x = 」と表示する処理を追加しています。プログラムの使い方をわかりやすくするためです（これ以降の章で示すプログラムでも同様の処理を追加することがあります）。擬似言語の「i ＜ 10 and pos ＝ －1」という条件は、Javaでは、「i < a.length && pos == -1」と表記します。

ここがPoint
見つかる場合と見つからない場合があるので、両方の動作を確認する

　Javaのプログラムの実行結果の例を以下に示します。「53」をキー入力するとa[5]と同じ値なので、「5」が表示されました。「99」をキー入力すると、見つからないので「－1」が表示されました。どちらも、正しい結果が得られています。このプログラムでは、見つかる場合と見つからない場合があるので、両方の動作を確認してください。

Javaのプログラムの実行結果の例

```
C:¥gihyo>java SequentialSearch
x = 53
pos = 5
```

```
C:¥gihyo>java SequentialSearch
x = 99
pos = -1
```

> **Quiz 線形探索を効率化する番兵の値は？**
>
> 　線形探索を効率化するテクニックとして「番兵（sentinel）」があります。一般用語としての番兵は、「門番の兵隊さん」という意味ですが、アルゴリズムの世界では、「目印となるデータ」という意味です。線形探索では、配列の末尾に番兵となるデータを追加することで、処理を効率化できます。配列の中から「53」という値を見つける場合には、番兵の値を何という値にすればよいでしょうか？
>
> **ヒント** 番兵がないときは、1つの要素に対して2つのチェックが行われます。
>
> 解答は **281ページ** にあります。

2-2-2　アルゴリズムのトレース

　線形探索で、要素数10個の配列aの中から変数xと同じ値を見つけ、見つかった位置を変数posに格納するアルゴリズムを、手作業でトレースしてみましょう。以下に示した手順を1つずつ確認してください。入力することは「入力する」というフキダシで、表示することは「表示する」というフキダシで示しています。ここでは、xと同じ値が見つかる場合の例として「53」をキー入力しています。見つかった時点で、繰り返しが終了することに注目してください。

2-2 線形探索

手順 1 xに53をキー入力する

a[0]	a[1]	a[2]	a[3]	a[4]	a[5]	a[6]	a[7]	a[8]	a[9]
72	68	92	88	41	53	97	84	39	55

x: 53 (入力する)
pos: ?
i: ?

手順 2 posの値を-1で、iの値を0で初期化する

a[0]	a[1]	a[2]	a[3]	a[4]	a[5]	a[6]	a[7]	a[8]	a[9]
72	68	92	88	41	53	97	84	39	55

x: 53
pos: -1
i: 0

手順 3 a[0]とxを比較し、一致しないのでiを1増やして繰り返す

a[0]	a[1]	a[2]	a[3]	a[4]	a[5]	a[6]	a[7]	a[8]	a[9]
72	68	92	88	41	53	97	84	39	55

x: 53
pos: -1
i: 0

手順 4 a[1]とxを比較し、一致しないのでiを1増やして繰り返す

a[0]	a[1]	a[2]	a[3]	a[4]	a[5]	a[6]	a[7]	a[8]	a[9]
72	68	92	88	41	53	97	84	39	55

x: 53
pos: -1
i: 1

第 2 章　ループと配列の基本と線形探索

手順 5　a[2]とxを比較し、一致しないのでiを1増やして繰り返す

a[0]	a[1]	a[2]	a[3]	a[4]	a[5]	a[6]	a[7]	a[8]	a[9]
72	68	92	88	41	53	97	84	39	55

x: 53　pos: -1　i: 2

手順 6　a[3]とxを比較し、一致しないのでiを1増やして繰り返す

a[0]	a[1]	a[2]	a[3]	a[4]	a[5]	a[6]	a[7]	a[8]	a[9]
72	68	92	88	41	53	97	84	39	55

x: 53　pos: -1　i: 3

手順 7　a[4]とxを比較し、一致しないのでiを1増やして繰り返す

a[0]	a[1]	a[2]	a[3]	a[4]	a[5]	a[6]	a[7]	a[8]	a[9]
72	68	92	88	41	53	97	84	39	55

x: 53　pos: -1　i: 4

手順 8　a[5]とxを比較し、一致するのでposを5で上書き変更し、iを1増やして繰り返す

a[0]	a[1]	a[2]	a[3]	a[4]	a[5]	a[6]	a[7]	a[8]	a[9]
72	68	92	88	41	53	97	84	39	55

x: 53　pos: 5　i: 5

手順 9 pos=-1が偽なので繰り返しを終了して、posの値を表示する

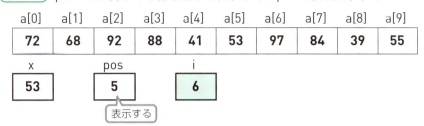

xと同じ値が見つからない場合の例として、「99」をキー入力したときのトレースもやってみましょう。以下のように、繰り返しが最後まで行われ、posは初期値の−1のままです。

手順 1 xに99をキー入力する

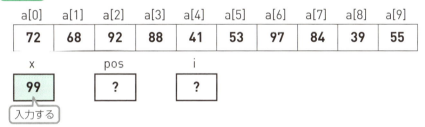

手順 2 posの値を-1で、iの値を0で初期化する

a[0]	a[1]	a[2]	a[3]	a[4]	a[5]	a[6]	a[7]	a[8]	a[9]
72	68	92	88	41	53	97	84	39	55

x	pos	i
99	-1	0

手順 3 a[0]とxを比較し、一致しないのでiを1増やして繰り返す

a[0]	a[1]	a[2]	a[3]	a[4]	a[5]	a[6]	a[7]	a[8]	a[9]
72	68	92	88	41	53	97	84	39	55

x	pos	i
99	-1	0

第 2 章　ループと配列の基本と線形探索

手順 4　a[1]とxを比較し、一致しないのでiを1増やして繰り返す

a[0]	a[1]	a[2]	a[3]	a[4]	a[5]	a[6]	a[7]	a[8]	a[9]
72	68	92	88	41	53	97	84	39	55

x	pos	i
99	-1	1

手順 5　a[2]とxを比較し、一致しないのでiを1増やして繰り返す

a[0]	a[1]	a[2]	a[3]	a[4]	a[5]	a[6]	a[7]	a[8]	a[9]
72	68	92	88	41	53	97	84	39	55

x	pos	i
99	-1	2

手順 6　a[3]とxを比較し、一致しないのでiを1増やして繰り返す

a[0]	a[1]	a[2]	a[3]	a[4]	a[5]	a[6]	a[7]	a[8]	a[9]
72	68	92	88	41	53	97	84	39	55

x	pos	i
99	-1	3

手順 7　a[4]とxを比較し、一致しないのでiを1増やして繰り返す

a[0]	a[1]	a[2]	a[3]	a[4]	a[5]	a[6]	a[7]	a[8]	a[9]
72	68	92	88	41	53	97	84	39	55

x	pos	i
99	-1	4

2-2 線形探索

手順 8 a[5]とxを比較し、一致しないのでiを1増やして繰り返す

a[0]	a[1]	a[2]	a[3]	a[4]	a[5]	a[6]	a[7]	a[8]	a[9]
72	68	92	88	41	53	97	84	39	55

x: 99　pos: -1　i: 5

手順 9 a[6]とxを比較し、一致しないのでiを1増やして繰り返す

a[0]	a[1]	a[2]	a[3]	a[4]	a[5]	a[6]	a[7]	a[8]	a[9]
72	68	92	88	41	53	97	84	39	55

x: 99　pos: -1　i: 6

手順 10 a[7]とxを比較し、一致しないのでiを1増やして繰り返す

a[0]	a[1]	a[2]	a[3]	a[4]	a[5]	a[6]	a[7]	a[8]	a[9]
72	68	92	88	41	53	97	84	39	55

x: 99　pos: -1　i: 7

手順 11 a[8]とxを比較し、一致しないのでiを1増やして繰り返す

a[0]	a[1]	a[2]	a[3]	a[4]	a[5]	a[6]	a[7]	a[8]	a[9]
72	68	92	88	41	53	97	84	39	55

x: 99　pos: -1　i: 8

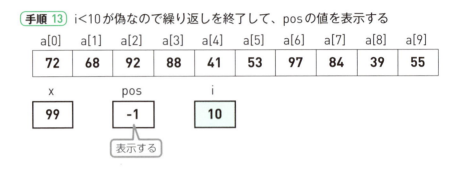

2-2-3 Javaによるアルゴリズムのトレース

以下に、トレースのためのコードを追加したプログラムを示します。SequentialSearchTrace.javaというファイル名で作成してください。

Java
SequentialSearchTrace.java

```
import java.util.Scanner;

public class SequentialSearchTrace {
  public static void main(String[] args) {
    Scanner scn = new Scanner(System.in);
    int[] a = { 72, 68, 92, 88, 41, 53, 97, 84, 39, 55 };
    int x, pos, i;

    System.out.printf("x = ");
    x = scn.nextInt();
    pos = -1;
    System.out.printf("ループの前：x = %d¥n", x);
    System.out.printf("ループの前：pos = %d¥n", pos);

    for (i = 0; i < a.length && pos == -1; i++) {
      if (a[i] == x) {
```

```java
        pos = i;
      }
      System.out.printf("ループの中:pos = %d,\ti = %d\n", pos, i);
    }

    System.out.printf("pos = %d\n", pos);
    System.out.printf("ループの後:pos = %d,\ti = %d\n", pos, i);
  }
}
```

ここがPoint
目的のデータが見つかった場合は、その時点で処理を終了する

以下に、プログラムの実行結果の例を示します。上側がxと同じ値が見つかった場合の実行結果で、下側がxと同じ値が見つからなかった場合の実行結果です。見つかった場合は、その時点で繰り返しが終了していることに注目してください。

Javaのプログラムの実行結果の例

```
C:\gihyo>java SequentialSearchTrace
x = 53
ループの前:x = 53
ループの前:pos = -1
ループの中:pos = -1,    i = 0
ループの中:pos = -1,    i = 1
ループの中:pos = -1,    i = 2
ループの中:pos = -1,    i = 3
ループの中:pos = -1,    i = 4
ループの中:pos = 5,     i = 5
pos = 5
ループの後:pos = 5,     i = 6
```

```
C:\gihyo>java SequentialSearchTrace
x = 99
ループの前:x = 99
ループの前:pos = -1
ループの中:pos = -1,    i = 0
ループの中:pos = -1,    i = 1
ループの中:pos = -1,    i = 2
ループの中:pos = -1,    i = 3
ループの中:pos = -1,    i = 4
ループの中:pos = -1,    i = 5
ループの中:pos = -1,    i = 6
ループの中:pos = -1,    i = 7
ループの中:pos = -1,    i = 8
ループの中:pos = -1,    i = 9
pos = -1
ループの後:pos = -1,    i = 10
```

第2章 ループと配列の基本と線形探索

確認問題

Q1 以下の説明が正しければ○を、正しくなければ×を付けてください。

(1) 繰り返し回数を数える変数を「ループカウンタ」と呼ぶ
(2) 擬似言語で「■ i：0, i < 10, 1」という繰り返しを最後まで行うと、変数iの値は9になっている
(3) 変数に初期値を代入することを「初期化」と呼ぶ
(4) 線形探索では、ソート済みの配列を探索できない
(5) 擬似言語で「i < 10 and pos = −1」という条件で繰り返しを行う場合、posが−1でない値で上書き変更されると、繰り返しが終了する

Q2 以下は、線形探索で配列aの中から変数xと同じ値を見つけ、見つかったら添え字を、見つからなかったら−1を表示する擬似言語のプログラムです。空欄に適切な語句や演算子を記入してください。

```
○整数型：a[] = { 72, 68, 92, 88, 41, 53, 97, 84, 39, 55 }
○整数型：x, pos, i
・x ← キー入力
・pos ← [ (1) ]
■ i：0, i < 10 and pos = −1, 1
    a[i] = x
    ・pos ← [ (2) ]

・[ (3) ] の値を表示する
```

解答は 284 ページ にあります。

COLUMN

配列の最大値と最小値を求める

この章の前半部で学んだ、ループで配列を処理するときの基本的な手順を応用して、配列aの最大値と最小値を求めてみましょう。以下は、擬似言語で示したアルゴリズムの例です。変数maxに最大値を格納し、変数minに最小値を格納します。変数iは、ループカウンタです。

```
○整数型：a[] = { 72, 68, 92, 88, 41, 53, 97, 84, 39, 55 }
○整数型：max, min, i
・max ← a[0]   /* 先頭の要素を仮の最大値とする */
・min ← a[0]   /* 先頭の要素を仮の最小値とする */
■ i:1, i < 10, 1
  ▲ a[i] > max  /* 仮の最大値を更新する */
    ・max ← a[i]

  ▲ a[i] < min  /* 仮の最小値を更新する */
    ・min ← a[i]

■
・maxを表示する
・minを表示する
```

ループの前でmaxとminの初期値として、配列の先頭のa[0]の値を代入しています。この時点で、maxには仮の最大値が格納され、minには仮の最小値が格納されます。ループでは、先頭以降の要素の値を順番にチェックして、「a[i] > max」なら仮の最大値maxをa[i]で上書き変更し、「a[i] < min」なら仮の最小値minをa[i]で上書き変更します。これによって、ループを終了したときには、maxとminには、仮ではない実際の最大値と最小値が得られます。

このアルゴリズムのポイントは、配列の先頭のa[0]だけをループの外で処理していることです。したがって、ループカウンタの初期値が0ではなく1になっています。これは、「■ i：1, i < 10, 1」の「i：1」の部分です。このように、配列の先頭の要素だけを別扱いするアルゴリズムもあるので覚えておいてください。

第 3 章

二分探索と計算量

この章の前半部では、ソート済みの配列の中から目的のデータを見つける二分探索のアルゴリズムを学びます。ポイントとなるのは、真ん中の要素の添え字を求める方法、探索対象を絞り込む方法、および繰り返しの条件です。二分探索のアルゴリズムをマスターし、何もお手本を見ずにプログラムを作れることを、本書のゴールの1つとしているので、がんばって取り組んでください。後半部では、同じ目的のアルゴリズムの効率を比較する計算量を学びます。計算量には、いくつかの考え方がありますが、ここでは基本情報技術者試験でよく採用されている、N個のデータを処理する場合の最大の処理回数で表します。

第3章 二分探索と計算量

3-1 二分探索

- **Point** 真ん中の要素の添え字を求める方法
- **Point** 探索対象を絞り込む方法と、繰り返しの条件

3-1-1 二分探索のアルゴリズム

> **ここが Point**
> 二分探索は、ソート済みの配列の中から目的のデータを見つけるアルゴリズムである

この章のメインテーマは、ソート済みの配列の中から目的のデータを見つける**「二分探索 (binary search)」**です。小さい順のソートを**「昇順」**と呼びます。配列の先頭から末尾に向かって、データの値がだんだん大きくなるので、坂道を昇っていくような順序だからです。大きい順のソートを**「降順」**と呼びます。配列の先頭から末尾に向かって、データの値がだんだん小さくなるので、坂道を降りていくような順序だからです。ここでは、昇順にソートされた配列を対象として、二分探索のアルゴリズムを説明します。

> **ここが Point**
> 小さい順のソートを「昇順」と呼び、大きい順のソートを「降順」と呼ぶ

昇順 →

a[0]	a[1]	a[2]	a[3]	a[4]	a[5]	a[6]	a[7]	a[8]	a[9]
39	41	53	55	68	72	84	88	92	97

降順 →

a[0]	a[1]	a[2]	a[3]	a[4]	a[5]	a[6]	a[7]	a[8]	a[9]
97	92	88	84	72	68	55	53	41	39

> **ここが Point**
> 複雑なアルゴリズムは、まずイメージをつかむことが重要である

二分探索のアルゴリズムの概要を言葉で説明すると、以下のようになります。ここでは、変数を示さずに、アルゴリズムのイメージだけを説明しています。やや複雑なアルゴリズムなので、まずイメージをつかむことが重要です。

3-1 二分探索

① 探索対象の真ん中の要素をチェックして、以下のいずれかを行う
　（1）目的の値と同じなら、添え字を表示して終了する
　（2）目的の値より大きければ、探索対象を前側に絞り込む
　（3）目的の値より小さければ、探索対象を後ろ側に絞り込む
②（2）か（3）の場合は、探索対象がなくなるまで処理を繰り返す

Quiz　最初に何という数をいえば合格か？

あるIT企業の入社面接で、面接官が「いまから私が1〜100の中から数を1つ思い浮かべます。あなたは、その数を当ててください。あなたがいった数が当たりでないなら、もっと大きい、または、もっと小さい、というヒントを与えます。できるだけ少ない回数で当てるように工夫してください」という問題を出しました。この問題は、二分探索を知っているかどうかをチェックするものです。数を当てるまでやらなくても、最初に何という数をいうかで、二分探索を知っているかどうかがわかります。その数は、何でしょうか？

ヒント 効率的に数を当てる方法を考えてください。

解答は 281ページ にあります。

イメージがつかめたら、次に、二分探索を行うために必要になる変数を説明します。まず、第2章で説明した線形探索と同様に、探索対象となる配列a、見つけるデータが格納された変数x、見つかった要素の添え字を格納する変数posが必要です。posには、初期値として見つかっていないことを示す−1を格納します。xには、見つける値をキー入力します。

さらに、探索対象の左端の添え字を格納した変数left、探索対象の右端の添え字を格納した変数right、および探索対象の真ん中の添え字を格納した変数middleが必要です。leftの初期値は、配列の先頭の添え字の0です。rightの初期値は、配列の末尾の添え字の9です（配列aの要素数は10個だとします）。

ここがPoint
真ん中は、（左端＋右端）÷2という計算で求められる

middleの値は、「・middle ← (left ＋ right) ÷ 2」という計算で求められます。これは、二分探索において重要なポイントです。要素数10個の配列a[0]〜a[9]は、要素が偶数個あるので、ぴったり真ん中はありません。a[4]かa[5]が真ん中の候補です。「・middle ← (left ＋ right) ÷ 2」という計算は、**整数型の計算な**

第3章 二分探索と計算量

> **ここがPoint**
> 整数の除算では、小数点以下がカットされる

ので、除算結果の小数点以下がカットされます。leftが0で、rightが9の場合は (left ＋ right) ÷ 2 ＝ (0 ＋ 9) ÷ 2 ＝ 9÷2 ＝ 4になるので、a[4]が真ん中になります。

初期状態の探索対象

	a[0]	a[1]	a[2]	a[3]	a[4]	a[5]	a[6]	a[7]	a[8]	a[9]
	39	41	53	55	68	72	84	88	92	97

left → a[0]、middle → a[4]、right → a[9]

これで、必要な変数がわかりました。変数を使って二分探索のアルゴリズムの概要を言葉で説明すると、以下のようになります。

---

① posを－1で初期化する
② leftを0で初期化する
③ rightを9で初期化する
④ leftとrightからmiddleを求める
⑤ a[middle]とxを比較し、以下のいずれかを行う
　(1) a[middle] ＝ xなら、posをmiddleで上書きする
　(2) a[middle] ＞ xなら、rightをmiddle－1で上書き変更して、探索対象を前側に絞り込む
　(3) a[middle] ＜ xなら、leftをmiddle＋1で上書き変更して、探索対象を後ろ側に絞り込む
⑥ (2)か(3)の場合は、まだ見つかっていない、かつ、まだ探索対象がある限り処理を繰り返す

以下は、二分探索のアルゴリズムを擬似言語で記述したものです。ここでは、xにキー入力した値を探索しています。**繰り返しの条件が「pos ＝ －1 and left ≦ right」であることに注目してください。**「pos ＝ －1」は、「まだ見つかっていない」という意味です。「left ≦ right」は、「まだ探索対象がある」という意味です。探索対象の左端のleftと右端のrightは、最初はleft ＜ rightですが、探索対象を絞り込んで最後の1個になると、left ＝ rightになります。したがって、left

3-1 二分探索

≦ rightなら、まだ探索対象があります。このように、「pos＝－1 and left ≦ right」つまり「まだ見つかっていない、かつ、まだ探索対象がある」という条件で繰り返すことも、二分探索の重要なポイントです。

> **ここがPoint**
> 二分探索では、「まだ見つかっていない、かつ、まだ探索対象がある」という条件で繰り返しを行う
>
> **擬似言語**

```
/* 昇順にソート済み */
○整数型：a[] = { 39, 41, 53, 55, 68, 72, 84, 88, 92, 97 }
○整数型：x, pos, left, right, middle
・x ← キー入力
・pos ← －1
・left ← 0
・right ← 9
■ pos = -1 and left ≦ right
 ・middle = (left + right) ÷2
   a[middle] = x
   ・pos ← middle

   a[middle] > x
   ・right ← middle－1

   ・left ← middle+1  /* a[middle] < xなら */

■
・posの値を表示する
```

アルゴリズムを文書で説明したときは、「(3) a[middle] ＜ xなら、leftをmiddle＋1で上書き変更して、探索対象を後ろ側に絞り込む」という部分で、「a[middle] ＜ xなら」というチェックを行っていました。擬似言語のプログラムでは、「(1) a[middle] ＝ xなら」でも「(2) a[middle] ＞ xなら」でもないなら、「a[middle] ＜ xなら」であるので、「a[middle] ＜ xなら」というチェックを省略しています。これは、「/* a[middle] ＜ xなら */」とコメントを付けた部分です。

Javaでプログラムを作って、二分探索でデータを見つけられることを確認してみましょう。以下は、先ほど擬似言語で示したアルゴリズムをJavaで記述したものです。BinarySearch.javaというファイル名で作成してください。擬似言語の「pos＝－1 and left ≦ right」という条件は、Javaでは「pos == -1 && left <= right」と表記します。**二分探索の繰り返しは、ループカウンタを使うものではなく、条件だけを指定するものなので、forではなくwhileを使います。**

> **ここがPoint**
> Javaでは、ループカウンタを使う繰り返しではforを使い、条件だけを指定する繰り返しではwhileを使う

第3章 二分探索と計算量

Java
BinarySearch.java

```java
import java.util.Scanner;

public class BinarySearch {
  public static void main(String[] args) {
    Scanner scn = new Scanner(System.in);
    int[] a = { 39, 41, 53, 55, 68, 72, 84, 88, 92, 97 };
    int x, pos, left, right, middle;

    System.out.printf("x = ");
    x = scn.nextInt();
    pos = -1;
    left = 0;
    right = a.length - 1;

    while (pos == -1 && left <= right) {
      middle = (left + right) / 2;
      if (a[middle] == x) {
        pos = middle;
      }
      else if (a[middle] > x) {
        right = middle - 1;
      }
      else {
        left = middle + 1;
      }
    }

    System.out.printf("pos = %d\n", pos);
  }
}
```

プログラムの実行結果の例を以下に示します。「53」をキー入力すると、a[2]と同じ値なので「2」が表示されました。「54」をキー入力すると、見つからないので「-1」が表示されました。どちらも、正しい結果が得られています。このプログラムでも、見つかる場合と見つからない場合があるので、両方の動作を確認してください。

> **ここがPoint**
> 見つかる場合と見つからない場合があるので、両方の動作を確認する

Javaのプログラムの実行結果の例

```
C:\gihyo>java BinarySearch
x = 53
pos = 2
```

```
C:¥gihyo>java BinarySearch
x = 54
pos = -1
```

3-1-2 アルゴリズムのトレース

　二分探索で、昇順にソート済みの要素数10個の配列aの中から変数xと同じ値を見つけ、見つかった位置を変数posに格納するアルゴリズムを、手作業でトレースしてみましょう。以下に示した手順を1つずつ確認してください。ここでは、xと同じ値が見つかる場合の例として、「53」がキー入力されているとします。

手順1 posの値を−1、leftの値を0、rightの値を9で初期化する

探索対象

a[0]	a[1]	a[2]	a[3]	a[4]	a[5]	a[6]	a[7]	a[8]	a[9]
39	41	53	55	68	72	84	88	92	97

pos	left	middle	right	x
-1	0	?	9	53

キー入力する

手順2 middleに (0 ＋ 9) ÷ 2 ＝ 4を代入し、a[4]とxを比較し、a[4] ＞ xなのでrightを4−1＝3で上書き変更して、探索対象を前側に絞る

探索対象

a[0]	a[1]	a[2]	a[3]	a[4]	a[5]	a[6]	a[7]	a[8]	a[9]
39	41	53	55	68	72	84	88	92	97

pos	left	middle	right	x
-1	0	4	3	53

第 3 章　二分探索と計算量

手順 3　middleを (0 + 3) ÷ 2 = 1で上書き変更し、a[1]とxを比較し、a[1] < xなのでleftを 1 + 1 = 2で上書き変更して、探索対象を後ろ側に絞る

手順 4　middleを (2 + 3) ÷ 2 = 2で上書き変更し、a[2]とxを比較し、a[2] = xなのでposを2で上書き変更する

手順 5　pos = −1が偽なので繰り返しを終了し、posの値を表示する

xと同じ値が見つからない場合の例として、「54」がキー入力されたときのトレースもやっておきましょう。以下のように、**繰り返しが最後まで行われ、posは初期値の−1のままです。最後は、leftが3でrightが2であり、left ≦ rightという条件が偽になっています。**これは、left ＝ rightとなる最後の1個の要素をチェックしても目的の値が見つからず、さらにleftまたはrightの値を上書き変更すると、左端のleftの方が右端のrightより大きくなるからです。こうなると、もはや探索対象はありません。

手順 1 posの値を−1、leftの値を0、rightの値を9で初期化する

手順 2 middleに (0 ＋ 9) ÷ 2 ＝ 4を代入し、a[4]とxを比較し、a[4] ＞ xなのでrightを4−1＝3で上書き変更して、探索対象を前側に絞る

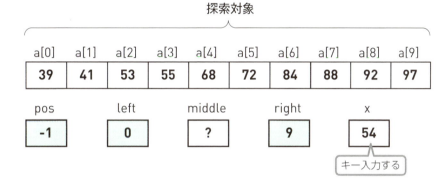

第 3 章　二分探索と計算量

手順 3　middleを (0 + 3) ÷ 2 = 1で上書き変更し、a[1]とxを比較し、a[1] < xなのでleftを1＋1＝2で上書き変更して、探索対象を後ろ側に絞る

	a[0]	a[1]	a[2]	a[3]	a[4]	a[5]	a[6]	a[7]	a[8]	a[9]
	39	41	53	55	68	72	84	88	92	97

探索対象: a[2]〜a[3]

pos	left	middle	right	x
-1	2	1	3	54

手順 4　middleを (2 + 3) ÷ 2 = 2で上書き変更し、a[2]とxを比較し、a[2] < xなのでleftを2＋1＝3で上書き変更して、探索対象を後ろ側に絞る

	a[0]	a[1]	a[2]	a[3]	a[4]	a[5]	a[6]	a[7]	a[8]	a[9]
	39	41	53	55	68	72	84	88	92	97

探索対象: a[3]

pos	left	middle	right	x
-1	3	2	3	54

手順 5　middleを (3 + 3) ÷ 2 = 3で上書き変更し、a[3]とxを比較し、a[3] > xなのでrightを3－1＝2で上書き変更して、探索対象を前側に絞る

探索対象なし

	a[0]	a[1]	a[2]	a[3]	a[4]	a[5]	a[6]	a[7]	a[8]	a[9]
	39	41	53	55	68	72	84	88	92	97

pos	left	middle	right	x
-1	3	3	2	54

手順 6 left ≦ right が偽なので繰り返しを終了し、pos の値を表示する

探索対象なし

a[0]	a[1]	a[2]	a[3]	a[4]	a[5]	a[6]	a[7]	a[8]	a[9]
39	41	53	55	68	72	84	88	92	97

pos: -1 （表示する）
left: 3
middle: 3
right: 2
x: 54

3-1-3 Javaによるアルゴリズムのトレース

以下に、トレースのためのコードを追加したプログラムを示します。BinarySearchTrace.java というファイル名で作成してください。

Java
BinarySearchTrace.java

```java
import java.util.Scanner;

public class BinarySearchTrace {
  public static void main(String[] args) {
    Scanner scn = new Scanner(System.in);
    int[] a = { 39, 41, 53, 55, 68, 72, 84, 88, 92, 97 };
    int x, pos, left, right, middle;

    System.out.printf("x = ");
    x = scn.nextInt();
    pos = -1;
    left = 0;
    right = a.length - 1;
    System.out.printf("ループの前：x = %d\n", x);
    System.out.printf(
    "ループの前：pos = %d,\tleft = %d,\tmiddle = ?,\tright = %d\n",
    pos, left, right);

    while (pos == -1 && left <= right) {
      middle = (left + right) / 2;
      if (a[middle] == x) {
```

```java
      pos = middle;
    }
    else if (a[middle] > x) {
      right = middle - 1;
    }
    else {
      left = middle + 1;
    }
    System.out.printf(
    "ループの中:pos = %d,\tleft = %d,\tmiddle = %d,\tright = %d\n",
    pos, left, middle, right);
  }

  System.out.printf("pos = %d\n", pos);
  }
}
```

> **ここがPoint**
> 見つからない場合は、探索対象がなくなるので、左端を指す変数が、右端を指す変数よりも大きくなる

以下に、プログラムの実行結果の例を示します。上側がxと同じ値が見つかった場合の実行結果で、下側がxと同じ値が見つからなかった場合の実行結果です。見つかった場合は、その時点で繰り返しが終了していることに注目してください。真ん中をチェックして見つかるので、見つかった位置のposの値はmiddleと同じです。見つからなかった場合は、posの値が−1であることと、左端のleftの方が右端のrightより大きくなっていることに注目してください。

Javaのプログラムの実行結果の例

```
C:\gihyo>java BinarySearchTrace
x = 53
ループの前:x = 53
ループの前:pos = -1,   left = 0,    middle = ?,    right = 9
ループの中:pos = -1,   left = 0,    middle = 4,    right = 3
ループの中:pos = -1,   left = 2,    middle = 1,    right = 3
ループの中:pos = 2,    left = 2,    middle = 2,    right = 3
pos = 2
```

```
C:\gihyo>java BinarySearchTrace
x = 54
ループの前:x = 54
ループの前:pos = -1,   left = 0,    middle = ?,    right = 9
ループの中:pos = -1,   left = 0,    middle = 4,    right = 3
ループの中:pos = -1,   left = 2,    middle = 1,    right = 3
ループの中:pos = -1,   left = 3,    middle = 2,    right = 3
ループの中:pos = -1,   left = 3,    middle = 3,    right = 2
pos = -1
```

アルゴリズムの計算量

Point ビッグ・オー表記の計算量の意味
Point 主なアルゴリズムの計算量

3-2-1 線形探索と二分探索の計算量

　第2章で説明した線形探索と、この章の前半部で説明した二分探索は、どちらも、探索という同じ目的で使うアルゴリズムです。配列の先頭から末尾まで、要素を順番にチェックする線形探索より、配列を二分割する二分探索の方が効率的です。では、どれくらい効率的なのでしょう。

> ここが Point
> 「計算量」は、アルゴリズムの効率を示す

　アルゴリズムの効率を示す方法として**「計算量」**があります。計算量には、いくつかの考え方がありますが、本書では、基本情報技術者試験でよく採用されている考え方を使うことにします。それは、N個のデータを処理する最大の処理回数をNの式で表すことです。線形探索と二分探索の計算量を求めれば、両者の効率を明確に比較できます。
　最大より平均の処理回数で比較した方が実用的なのですが、アルゴリズムの種類によっては、平均の処理回数を求めることが困難なので、求めやすい最大の処理回数が採用されているのです。最大の処理回数とは、たとえば探索のアルゴリズムなら、最後の1個の要素までチェックするときの処理回数です。

> ここが Point
> 本書では、N個のデータを処理するときの最大の処理回数をNの式で表したものを計算量とする。線形探索の計算量は、Nである

　線形探索の計算量を求めてみましょう。要素数10個の配列を線形探索する場合には、最後の1個をチェックするまで10回の処理が行われます。要素数100個なら100回、要素数1,000個なら1,000回、要素数N個ならN回の処理が行われます。したがって、線形探索の計算量は、Nです。

> ここが Point
> O(Nの式)という表記を「ビッグ・オー表記」と呼ぶ

　Nと表記しただけでは、それが計算量を意味しているとわからないので、O( )で囲んでO(N)という表記を使うことがあります。これを**「ビッグ・オー表記」**

と呼びます。このO（オー）は、「次数」や「規模」を意味するorderの頭文字です。線形探索の計算量は、ビッグ・オー表記でO (N)です。

アルゴリズムの処理回数は、厳密に求めると$3N^2 + 5N + 8$のような式になるはずですが、**ビッグ・オー表記の計算量では、最も次数の大きいものだけを示し、係数を省略します**。$3N^2 + 5N + 8$の場合は、最も次数が高いのは$3N^2$です。$3N^2$の係数の3を省略して、ビッグ・オー表記の計算量はO (N^2)になります。

> **ここがPoint**
> ビッグ・オー表記では、最も次数が大きいものだけ示し、係数を省略する

二分探索の計算量は、O ($\log_2 N$)です。$\log_2 N$は、N個のデータを二分割することを繰り返して、最後の1個を得るまでの処理回数になります。

> **ここがPoint**
> 二分探索の計算量は、O ($\log_2 N$)である。これは、N個のデータを二分割することを繰り返して最後の1個を得るまでの処理回数である

logの値は、電卓で求めることができます。たとえば、Windows 10に標準で装備されている電卓アプリの場合は、メニューから「関数電卓」を選ぶと、［log］ボタンのある関数電卓になります。

この関数電卓で、$\log_2 N$の値を求めるときは、$\log_2 N = \log N ÷ \log 2$なので、［N］［log］［÷］［2］［log］［＝］の順にボタンを押します。たとえば、$\log_2 8$の値を求めるときは、［8］［log］［÷］［2］［log］［＝］の順にボタンを押します。以下のように、$\log_2 8$の値は、3になります。

関数電卓で$\log_2 N$の値を求める

$\log_2 8 = 3$ということは、要素数8個の配列を二分探索した場合、3回分割すると1個になるということです。手作業で確認してみると、以下のように、確か

に3回分割すると1個になります。この1個は、二分探索で最後にチェックする要素になります。したがって、**二分探索の計算量はO(log₂N)** です。

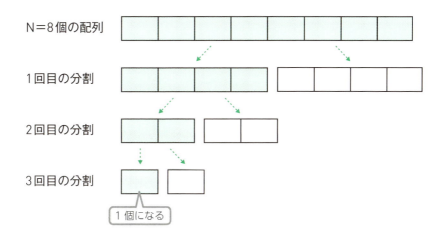

3-2-2 サーチとソートの主なアルゴリズムの計算量

以下に、サーチ（search＝探索）とソート（sort＝整列）の主なアルゴリズムの計算量をまとめておきます。

分類	アルゴリズム	計算量
サーチ	線形探索	$O(N)$
	二分探索	$O(\log_2 N)$
	ハッシュ表探索法	理想的に $O(1)$
ソート	バブルソート	N^2
	選択法	N^2
	挿入法	N^2
	マージソート	$\log_2 N \times N$
	クイックソート	$\log_2 N \times N$

第 3 章　二分探索と計算量

サーチでは、単純にN回の繰り返しを行う線形探索の計算量はO(N)です。二分割を行う二分探索の計算量はO($\log_2 N$)です。これらが、他のアルゴリズムの計算量を理解するための基礎知識になります。

ソートでは、バブルソート、選択法、挿入法（第4章で説明します）の計算量がO(N^2)です。これらのアルゴリズムでは、N回の繰り返しの中で、さらにN回の繰り返しを行うので、N回×N回＝N^2回の処理回数になります。

同じソートでも、マージソートとクイックソート（第8章で説明します）の計算量はO($\log_2 N \times N$)です。これらのアルゴリズムでは、二分割をN回繰り返すので、$\log_2 N$回×N回＝$\log_2 N \times N$回の処理回数になります。

サーチのアルゴリズムであるハッシュ表探索法（第7章で説明します）の計算量が、**理想的にO(1)であることに注目してください**。これは、データの個数Nにかかわらず、1回の処理で見つかるという意味です。ただし、「理想的」と断っているように、1回で見つからない場合もあります。

> **ここが Point**
> 単純なN回の繰り返しを行うアルゴリズムの計算量は、O(N)である。N個のデータを二分割して1個にするアルゴリズムの計算量は、O($\log_2 N$)である。N回の繰り返しの中で、さらにN回の繰り返しを行うアルゴリズムの計算量は、O(N^2)である。二分割をN回繰り返すアルゴリズムの計算量は、O($\log_2 N \times N$)である

> **ここが Point**
> ハッシュ表探索法の計算量は、理想的にO(1)である

3-2-3　データ量と計算量

線形探索の計算量がO(N)であり、二分探索の計算量がO($\log_2 N$)であるとわかっても、どれくらいの違いがあるのかはイメージしにくいでしょう。このような場合には、**Nに具体的な数字を入れて、最大の処理回数を求めてみる**とよいでしょう。

以下は、データ数Nに様々な数字を入れて、それぞれの処理回数を求めたものです。二分探索の処理回数を求めやすいように、Nは2のべき乗としています。二分探索では、データの数が2倍になっても、処理回数は1回しか増えません。これは、1回の処理において二分割を行うのですから当然です。

データ数が多くなるほど、線形探索と二分探索の処理回数の差が大きくなります。したがって、**データ数が多いときは、データをソートしてから、二分探索を使うべきです**。逆にデータ数が少ないときには、二分探索を使う意味は、それほどありません。データをソートせずに（ランダムなままで）線形探索を使うのでよいでしょう。

> **ここが Point**
> Nに具体的な数字を入れると、計算量の違いがわかりやすい

> **ここが Point**
> データ数が多いときは、データをソートしてから二分探索を使うべきである。データ数が少ないときは、ランダムなままで線形探索を使えばよい

サーチのアルゴリズムの処理回数の比較

データ数N	線形探索の処理回数	二分探索の処理回数
2	2	1
4	4	2
8	8	3
16	16	4
32	32	5
64	64	6
128	128	7
256	256	8
512	512	9
1024	1024	10

今度は、計算量が$O(N^2)$のバブルソート、選択法、挿入法と、計算量が$O(\log_2 N \times N)$のマージソート、クイックソートの処理回数を比べてみましょう。ここでも、データ数が多くなるほど、$O(N^2)$と$O(\log_2 N \times N)$の処理回数の差が大きくなることがわかります。

ここが Point
データ数が多くなるほど、計算量の差も大きくなる

ソートのアルゴリズムの処理回数の比較

データ数N	バブルソート、選択法、挿入法の処理回数	マージソート、クイックソートの処理回数
2	4	2
4	16	8
8	64	24
16	256	64
32	1024	160
64	4096	384
128	16384	896
256	65536	2048
512	262144	4608
1024	1048576	10240

確認問題

Q1 以下の説明が正しければ○を、正しくなければ×を付けてください。

(1) 小さい順に整列されていることを昇順と呼ぶ
(2) ランダムな配列を二分探索できる
(3) 配列の真ん中は、(左端 − 右端)÷2で求められる
(4) 線形探索の計算量は、$O(N^2)$である
(5) 二分探索の計算量は、$O(\log_2 N)$である

Q2 以下は、二分探索で配列aの中から変数xと同じ値を見つけ、見つかったら添え字を、見つからなかったら−1を表示する擬似言語のプログラムです。空欄に適切な語句や演算子を記入してください。

```
○整数型：a[] = { 39, 41, 53, 55, 68, 72, 84, 88, 92, 97 } /* 昇順にソート済み */
○整数型：x, pos, left, right, middle
・x ← キー入力
・pos ← −1
・left ← 0
・right ← 9
■ pos = -1 and [  (1)  ]
 ・middle = (left + right) ÷ 2
 ▲ a[middle] = x
  ・[  (2)  ]

  ▲ a[middle] > x
   ・[  (3)  ]

   ・left ← middle+1  /* a[middle] < x なら */

・posの値を表示する
```

解答は **284ページ** にあります。

COLUMN

工夫すれば速くなる！ 素数を判定するアルゴリズムの計算量

「変数Nに格納された自然数が素数かどうかを判定せよ」という問題を解くアルゴリズムを考えてみましょう。自然数とは、1以上の整数のことです。素数とは、他の数で割れない数（他の数の積で表せない数）のことです。1は、素数でない約束になっているので、2、3、5、7、11、13などが素数です。

素数を判定する公式は、ありません。様々な数で割ってみて、割れる数が見つかれば「素数でない」と判定し、割れる数が見つからなければ「素数である」と判定するしかないのです。たとえば、N＝100が素数かどうかを判定するには、1と100で割れるのは当然なので、それ以外の2〜99で割ってみることになります。これが1つ目のアルゴリズムです。実際には、最初の2で割れるのですが、最大で98回の割り算を行うことになります。Nで示すと2〜Nであり、処理回数はN−2回です。この章で説明した計算量の表記では、O(N)になります。

アルゴリズムを工夫してみましょう。数というものは、その数の半分より大きな数で割れるはずがありません。100は、50より大きな数で割れるはずがありません。したがって、2〜50で割ってみれば十分です。これが2つ目のアルゴリズムです。最大で49回の割り算を行うことになり、Nで示すと処理回数はN/2−1回です。計算量は、O(N)になります。N/2の1/2という係数を除外するので、O(N)です。計算量で比べると、2つ目のアルゴリズムは1つ目と同じです。

さらに工夫してみましょう。100を割れる数があるなら、100＝□×△のように100を2つの数の積で表せます。$100 = 10 \times 10 = \sqrt{100} \times \sqrt{100}$なので、□と△の両方が10を超えるはずがありません。したがって、2〜10で割ってみれば十分です。これが3つ目のアルゴリズムです。最大で9回の割り算を行うことになり、Nで示すと処理回数は$\sqrt{N}-1$回です。計算量は、$O(\sqrt{N})$になります。これは、計算量の違いからわかるように、他の2つと比べて、とても効率的なアルゴリズムです。

素数を求めるアルゴリズムの処理回数の比較

データ数N	100	1万	100万	1億	100億
O(N)	100	1万	100万	1億	100億
$O(\sqrt{N})$	10	100	1000	1万	10万

第 4 章

多重ループと挿入法

この章のメインテーマは、データをソートする挿入法です。挿入法のアルゴリズムは、繰り返し処理の中に繰り返し処理がある多重ループになります。多重ループの感覚をつかむには、少し時間がかかります。そこで、この章の前半部では、掛け算の九九表というシンプルな例で多重ループに慣れる練習をします。多重ループの感覚をつかめたら、この章の後半部で挿入法のアルゴリズムを学びます。ポイントとなるのは、多重ループを構成する外側のループと内側のループが、それぞれどのような繰り返し条件になるかです。第3章で説明した二分探索と同様に、何もお手本を見ずに挿入法のプログラムが作れることは、本書のゴールの1つです。がんばってください。

4-1 多重ループの基礎

- **Point** 日常生活にある単純なループと多重ループ
- **Point** 多重ループの処理の流れ

4-1-1 掛け算の九九表のアルゴリズム

以下の擬似言語のプログラムを見てください。このプログラムは、日常生活にあるものを表しています。それが何であるか、わかりますか？

擬似言語
```
○整数型：month
■ month：1, month ≦ 12, 1
│ ・「month月」と表示する
```

変数monthをループカウンタとした**「単純なループ（1重のループ）」**で、「month月」と表示する処理を繰り返しています。monthの値は、1～12まで変化しますので、「1月」～「12月」が表示されます。したがって、このプログラムは、1年のカレンダーを表しています。

それでは、以下の擬似言語のプログラムを見てください。このプログラムも日常生活にあるものを表していますが、それが何であるか、わかりますか？

擬似言語
```
○整数型：hour, minute
■ hour：0, hour < 24, 1
│ ■ minute：0, minute < 60, 1
│ │ ・「hour時minute分」と表示する
```

4-1 多重ループの基礎

このプログラムでは、■で囲まれた繰り返し処理の中に、■で囲まれた繰り返し処理があります。このような繰り返し処理を**「多重ループ（2重のループ）」**と呼びます。外側のループでは、変数hourの値が0～24未満まで（0～23まで）変化します。内側のループでは、変数minuteの値が0～60未満まで（0～59まで）変化します。そして、「hour時minute分」と表示する処理を行っているので、「0時0分」～「23時59分」が表示されます。したがって、このプログラムは、1日の時計を表しています。

> **ここがPoint**
> 繰り返しの中に、繰り返しがある処理を「多重ループ」と呼ぶ

コンピュータのアルゴリズムでは、必要に応じて単純なループや多重ループが使われます。単純なループで頭を悩ませることは少ないと思いますが、多重ループを感覚的に理解するには、少し時間がかかります。いきなりコンピュータのアルゴリズムを考えるのではなく、この時計の例のように、日常生活にある身近な例で、多重ループのイメージをつかむことが重要です。

> **ここがPoint**
> 日常生活にある身近な例で、多重ループのイメージをつかむことが重要である

日常生活にある身近な多重ループの例として、掛け算の九九表を画面に表示するプログラムを作ってみましょう。実行結果が、以下の表示になるようにします（実際のプログラムでは、枠を表示しません）。

掛け算の九九表

1の段	1	2	3	4	5	6	7	8	9
2の段	2	4	6	8	10	12	14	16	18
3の段	3	6	9	12	15	18	21	24	27
4の段	4	8	12	16	20	24	28	32	36
5の段	5	10	15	20	25	30	35	40	45
6の段	6	12	18	24	30	36	42	48	54
7の段	7	14	21	28	35	42	49	56	63
8の段	8	16	24	32	40	48	56	64	72
9の段	9	18	27	36	45	54	63	72	81

多重ループでは、外側と内側それぞれにループカウンタがあります。まず、外側のループカウンタが最初の値に設定され、その状態のまま内側のループカウンタが最初から最後の値まで変化します。次に、外側のループカウンタが変化し、

> **ここがPoint**
> 多重ループでは、まず外側のループカウンタの値が設定され、その状態のまま内側のループカウンタの値が最初から最後まで変化する

> **ここがPoint**
> 「外側を固定して、内側が変化」という感覚をつかむことが重要である

その状態のまま内側のループカウンタが最初から最後まで変化します。以降は、外側のループカウンタが最後の値になるまで繰り返しです。この**「外側を固定して、内側が変化」という感覚をつかむことが重要です。**

掛け算の九九表では、外側のループカウンタに「段」を意味するstepという名前を付け、内側のループカウンタに、段に「掛ける数」を意味するnumという名前を付けることにしましょう。stepは、1〜9まで変化して「1の段」〜「9の段」を表します。numも、1〜9まで変化して「×1」〜「×9」を表します。

外側のstepを「1の段」に固定した状態で、内側のnumが1〜9まで変化して、「1×1」〜「1×9」の計算を行います。次に、外側のstepが2に変化し、「2の段」に固定した状態で、内側のnumが1〜9まで変化して、「2×1」〜「2×9」の計算を行います。以下、同様に「3の段」の「3×1」〜「3×9」から、「9の段」の「9×1」〜「9×9」まで計算を行います。

以下は、掛け算の九九表のアルゴリズムを擬似言語で記述したものです。外側のループは9回繰り返され、内側のループも9回繰り返されるので、多重ループの内側のループの中にある「・step×numの値を表示する」という処理は、全部で9×9＝81回繰り返されます。多重ループの外側のループの中にある「・「stepの段」と表示する」および「・改行する」という処理は、それぞれ9回繰り返されます。

擬似言語

```
○整数型：step, num
■ step：1, step ≦ 9, 1
  ・「stepの段」と表示する
  ■ num：1, num ≦ 9, 1
    ・step×numの値を表示する
  
  ・改行する
```

以下は、上記の擬似言語で示したアルゴリズムをJavaで記述したものです。KuKu.javaというファイル名で作成してください。Javaでは、改行を「¥n」で表すので、System.out.printf("¥n"); は改行だけを行います。「¥t」は、TABを表します。「○○の段」や、その後に続く数字をTABで区切ることで、表示を揃えることができます。ここでは、forの中にforがありますが、forの中にwhileがあっても、whileの中にforがあっても、whileの中にwhileがあっても、どれも多重

ループです。

```java
public class KuKu {
  public static void main(String[] args) {
    int step, num;

    for (step = 1; step <= 9; step++) {
      System.out.printf("%dの段", step);
      for (num = 1; num <= 9; num++) {
        System.out.printf("\t%2d", step * num);
      }
      System.out.printf("\n");
    }
  }
}
```

Java
KuKu.java

以下に、プログラムの実行結果を示します。多重ループで、掛け算の九九表を画面に表示できました。

Javaのプログラムの
実行結果

```
C:\gihyo>java KuKu
1の段    1     2     3     4     5     6     7     8     9
2の段    2     4     6     8    10    12    14    16    18
3の段    3     6     9    12    15    18    21    24    27
4の段    4     8    12    16    20    24    28    32    36
5の段    5    10    15    20    25    30    35    40    45
6の段    6    12    18    24    30    36    42    48    54
7の段    7    14    21    28    35    42    49    56    63
8の段    8    16    24    32    40    48    56    64    72
9の段    9    18    27    36    45    54    63    72    81
```

4-1-2 アルゴリズムのトレース

　掛け算の九九表を画面に表示するアルゴリズムを、手作業でトレースしてみましょう。以下に示す手順を1つずつ確認してください（処理回数が多いので、一部を省略しています）。外側のループカウンタの値が固定された状態で、内側のループカウンタの値が先頭から末尾まで変化することに注目してください。そして、内側のループが終了したら、外側のループカウンタが更新され、その値が固

定された状態で、内側のループカウンタの値が先頭から末尾まで変化することにも注目してください。

手順 1 stepに初期値として1を代入する。step ≦ 9が真なので外側のループ処理を行う

手順 2 「stepの段」と表示する

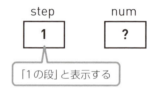

手順 3 numに初期値として1を代入する。num ≦ 9が真なので内側のループ処理を行う

手順 4 「step × num」を表示する

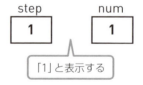

手順 5 numの値を1増やす。num ≦ 9が真なので内側のループ処理を行う

手順 6 「step × num」を表示する

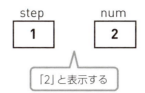

手順 7 numの値を1増やす。num ≦ 9が真なので内側のループ処理を行う

手順 8 「step × num」を表示する

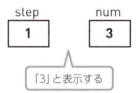

手順 9 numの値を1増やす。num ≦ 9が真なので内側のループ処理を行う

手順 10 「step × num」を表示する

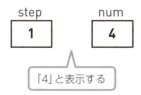

[手順 11] numの値を1増やす。num ≦ 9が真なので内側のループ処理を行う

[手順 12] 「step × num」を表示する

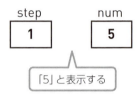

[手順 13] numの値を1増やす。num ≦ 9が真なので内側のループ処理を行う

[手順 14] 「step × num」を表示する

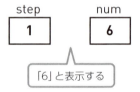

[手順 15] numの値を1増やす。num ≦ 9が真なので内側のループ処理を行う

[手順 16] 「step × num」を表示する

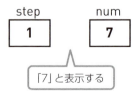

(手順 17)　numの値を1増やす。num ≦ 9が真なので内側のループ処理を行う

(　手順 18)　「step × num」を表示する

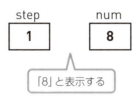

(　手順 19)　numの値を1増やす。num ≦ 9が真なので内側のループ処理を行う

(　手順 20)　「step × num」を表示する

(　手順 21)　numの値を1増やす。num ≦ 9が偽なので内側のループ処理を終了する

手順 22 stepの値を1増やす。step ≦ 9 が真なので外側のループ処理を行う

手順 23 「stepの段」と表示する

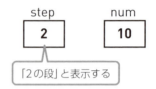

手順 24 numに初期値として1を代入する。num ≦ 9 が真なので内側のループ処理を行う

手順 25 「step × num」を表示する

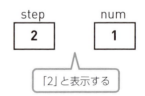

……（途中の処理を省略）……

手順 188 「step × num」を表示する

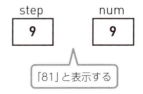

手順189 numの値を1増やす。num ≦ 9が偽なので内側のループ処理を終了する

step	num
9	10

手順190 stepの値を1増やす。step ≦ 9が偽なので外側のループ処理を終了する

step	num
10	10

4-1-3 Javaによるアルゴリズムのトレース

以下に、トレースのためのコードを追加したプログラムを示します。KuKuTrace.javaというファイル名で作成してください。ここでは、これまでの表示を**コメントアウト**（コードの先頭に // を付けてコメント化し、実行されないようにすること）し、内側のループの処理としてstep、num、step × numの値を表示しています。ここでも、外側のループカウンタstepの値が固定された状態で、内側のループカウンタnumが先頭の1から末尾の9まで変化することに注目してください。

> **ここがPoint**
> コードをコメント化することを「コメントアウト」と呼ぶ

Java KuKuTrace.java

```java
public class KuKuTrace {
  public static void main(String[] args) {
    int step, num;

    for (step = 1; step <= 9; step++) {
      // System.out.printf("%dの段", step);
      for (num = 1; num <= 9; num++) {
        // System.out.printf("¥t%2d", step * num);
        System.out.printf("step = %d, num = %d, step × num = %d¥n",
          step, num, step * num);
      }
      // System.out.printf("¥n");
```

```
      }
    }
}
```

　以下に、プログラムの実行結果を示します。ここでも、一部を省略しています。まず、step = 1のままで、num = 1〜9まで変化します。次に、step = 2のままで、num = 1〜9まで変化します。以下同様です。何度も説明しますが、**外側のループカウンタの値が固定された状態で、内側のループカウンタが先頭から末尾まで変化するのが、多重ループの流れの感覚です**。いくつかバリエーションはありますが、基礎として、この感覚をつかんでください。

Javaのプログラムの実行結果

```
C:\gihyo>java KuKuTrace
step = 1, num = 1, step × num = 1
step = 1, num = 2, step × num = 2
step = 1, num = 3, step × num = 3
step = 1, num = 4, step × num = 4
step = 1, num = 5, step × num = 5
step = 1, num = 6, step × num = 6
step = 1, num = 7, step × num = 7
step = 1, num = 8, step × num = 8
step = 1, num = 9, step × num = 9
step = 2, num = 1, step × num = 2
step = 2, num = 2, step × num = 4
step = 2, num = 3, step × num = 6
step = 2, num = 4, step × num = 8
step = 2, num = 5, step × num = 10
step = 2, num = 6, step × num = 12
step = 2, num = 7, step × num = 14
step = 2, num = 8, step × num = 16
step = 2, num = 9, step × num = 18
step = 3, num = 1, step × num = 3
step = 3, num = 2, step × num = 6
(途中の実行結果を省略)
step = 8, num = 8, step × num = 64
step = 8, num = 9, step × num = 72
step = 9, num = 1, step × num = 9
step = 9, num = 2, step × num = 18
step = 9, num = 3, step × num = 27
step = 9, num = 4, step × num = 36
step = 9, num = 5, step × num = 45
step = 9, num = 6, step × num = 54
step = 9, num = 7, step × num = 63
step = 9, num = 8, step × num = 72
step = 9, num = 9, step × num = 81
```

4-2 挿入法

Point 多重ループの外側と内側のループカウンタの役割
Point ループの継続条件

4-2-1 挿入法のアルゴリズム

> **ここが Point**
> 「挿入法」は、配列をソートするアルゴリズムである

挿入法（insertion sort）は、配列をソートするアルゴリズムです。ここでは、要素数5個の配列aを昇順（小さい順）にソートします。ソート前の状態と、ソート後の状態の例を以下に示します。

ソート前の状態

a[0]	a[1]	a[2]	a[3]	a[4]
90	34	78	12	56

ソート後の状態（昇順）

a[0]	a[1]	a[2]	a[3]	a[4]
12	34	56	78	90

> **ここが Point**
> 挿入法では、配列の要素を1つずつ挿入しながらソートしていく

挿入法のアルゴリズムの概要を言葉で説明すると、以下のようになります。ここでは、変数を示さずに、アルゴリズムのイメージだけを説明しています。やや複雑なアルゴリズムなので、まずイメージをつかむことが重要です。ポイントは、配列の要素を1つずつ挿入しながらソートしていくことです。

第 4 章　多重ループと挿入法

> ① 配列の先頭の要素は、あらかじめ存在しているとして、そこに残りの要素を1つずつ順番に挿入していく
> ② 挿入する際に、すでに存在する要素と大きさを比べて、挿入位置を判断する
> ③ 最後の要素を挿入すると、配列全体のソートが完了する

ここが Point
多重ループでは、外側と内側のループカウンタが、それぞれ何を表していて、どのように変化するかを理解することが重要である

挿入法のアルゴリズムは、多重ループになります。**多重ループでは、外側のループカウンタが何を表し、内側のループカウンタが何を表して、それぞれがどのように変化するのかを理解することが重要**です。たとえば、この章の前半部で説明した1日の時計のアルゴリズムでは、外側のループカウンタhourは「時」を表して0〜23まで変化し、内側のループカウンタminuteは「分」を表して0〜59まで変化しました。掛け算の九九表を画面に表示するアルゴリズムでは、外側のループカウンタstepが「段」を表して1〜9まで変化し、内側のループカウンタnumは「掛ける数」を表して1〜9まで変化しました。

ここが Point
はじめて経験することは、教わって覚えるものである。そして、その知識を他のアルゴリズムに応用する

挿入法の多重ループのループカウンタは、どうなのでしょう。こういうことは腕を組んで考えるのではなく、教わって覚えることです。挿入法の多重ループのループカウンタを覚えれば、その知識を応用して、この章のコラムで紹介しているバブルソートと選択法のループカウンタを考えられるでしょう。はじめて経験することは、教わって覚えるのです。

ここが Point
挿入法では、外側のループカウンタが挿入するデータの添え字を表し、内側のループカウンタが挿入する要素を比較する要素の添え字を表す

挿入法では、**外側のループカウンタが、挿入するデータの添え字を表します**。ここでは、要素数5個の配列a[0]〜a[4]があり、配列の先頭のa[0]は、あらかじめ存在しているとして、そこに残りのa[1]〜a[4]を順番に挿入していきます。**内側のループカウンタは、挿入する要素と比較する要素の添え字を表します**。a[1]を挿入するときは、その前にあるa[0]と比較するので添え字は0だけです。a[2]を挿入するときは、その前にあるa[1]およびa[0]と比較するので添え字は1、0と変化します。a[3]を挿入するときは、その前にあるa[2]、a[1]、a[0]と比較するので添え字は2、1、0と変化します。a[4]を挿入するときは、その前にあるa[3]、a[2]、a[1]、a[0]と比較するので添え字は3、2、1、0と変化します。

外側のループカウンタを ins（insert＝「挿入する」という意味です）、内側のループカウンタを cmp（compare＝「比較する」という意味です）という名前にすれば、insは1〜4まで変化し、cmpは（ins−1）〜0まで変化します。cmpの

変化の範囲にinsの値が使われていることがポイントです。

外側のループカウンタ ins＝1～4

a[0]	a[1]	a[2]	a[3]	a[4]
90	34	78	12	56

内側のループカウンタ cmp＝(ins－1)～0

イメージがつかめたら、挿入法を行うために必要になる変数を整理しておきましょう。ソートの対象となる要素数5個の配列a、外側のループカウンタins、内側のループカウンタcmpは、これまでに説明したとおりですが、他に、挿入する値を一時的に逃がす変数も必要になります。一時的のことを英語でtemporaryというので、この変数をtempという名前にしましょう。これらの変数を使って挿入法のアルゴリズムの概要を言葉で説明すると、以下のようになります。

① 外側のループでinsを1～4まで変化させる
② 内側のループに入る前の処理として、挿入するa[ins]の値をtempに逃がす
③ 内側のループでcmpを(ins－1)～0まで変化させる
④ 内側のループの処理として、a[cmp] ＞ tempなら、a[cmp]の値を1つ後ろに移動して、挿入位置を空ける。そうでないなら、内側の繰り返しを途中終了する
⑤ 内側のループが終わった後の処理として、挿入位置にtempの値を格納する

以下は、挿入法のアルゴリズムを擬似言語で記述したものです。このプログラムには、とても多くのポイントがあります。

擬似言語
```
○整数型：a[] = { 90, 34, 78, 12, 56 }
○整数型：ins, cmp, temp
■ ins：1, ins ＜ 5, 1
 ・temp ← a[ins]
 ■ cmp：ins － 1, cmp ≧ 0, －1
  ▲ a[cmp] ＞ temp
   ・a[cmp ＋ 1] ← a[cmp]
  ┃
   ・break
```

> **ここがPoint**
> ここに示した **ポイント1～ポイント5** をしっかりと理解すること

ポイント1

「・temp ← a[ins]」の部分で、挿入するa[ins]の値をtempに逃がしています。これは、それ以降にある処理で、配列の要素を後ろに移動するときに、a[ins]の値が上書き変更されてしまうからです。

ポイント2

cmpの値は、1ずつ小さくするので、「■ cmp：ins － 1, cmp ≧ 0, －1」の部分の最後にある**増分の値**が－1になっています。配列を後ろから前に向かって処理するときは、このようにマイナスの増分になります。

ポイント3

「・a[cmp ＋ 1] ← a[cmp]」の部分は、a[cmp]の値を1つ後ろに移動して、挿入位置を空けています。

ポイント4

breakは、ループを終了することを意味します。a[cmp] ＞ tempが偽なら、breakが記述されている内側のループが終了します。特定の条件において、ループを途中で終了するときにbreakを使います。

> **ここがPoint**
> breakは、特定の条件においてループを途中終了する命令である

ポイント5

内側のループを終了した時点で、tempの値を挿入する位置はcmp＋1になります。breakで途中終了した場合は、a[cmp] ＞ tempが偽なので、a[cmp]の1つ後ろのcmp＋1に挿入します。breakで途中終了せずにcmp ≧ 0が偽で終了した場合は、配列の先頭に挿入します。この時点では、cmpが－1になっているので、cmp＋1でcmpを0（配列の先頭）にします。どちらの場合も、挿入する位置はcmp＋1です。

　以下は、先ほど擬似言語で示したアルゴリズムをJavaで記述したものです。InsertionSort.javaというファイル名で作成してください。ここでは、ソート前と後の配列の内容を表示するためにprintArrayというメソッドを追加しています。

4-2 挿入法

Java
InsertionSort.java

```java
public class InsertionSort {
  public static void printArray(int[] a) {
    for (int i = 0; i < a.length; i++) {
      System.out.printf("[" + a[i] + "]");
    }
    System.out.printf("\n");
  }

  public static void main(String[] args) {
    int[] a = { 90, 34, 78, 12, 56 };
    int ins, cmp, temp;

    // ソート前の配列の内容を表示する
    printArray(a);

    // 挿入法で昇順にソートする
    for (ins = 1; ins < a.length; ins++) {
      temp = a[ins];
      for (cmp = ins - 1; cmp >= 0; cmp--) {
        if (a[cmp] > temp) {
          a[cmp + 1] = a[cmp];
        }
        else {
          break;
        }
      }
      a[cmp + 1] = temp;
    }

    // ソート後の配列の内容を表示する
    printArray(a);
  }
}
```

以下に、プログラムの実行結果を示します。挿入法で昇順のソートができました。

Javaのプログラムの実行結果

```
C:\gihyo>java InsertionSort
[90][34][78][12][56]
[12][34][56][78][90]
```

> **Quiz　昇順を降順に変えるには？**
>
> ここで示したJavaのプログラムでは、昇順にソートを行いました。これを、降順にソートするプログラムに改造してください。
>
> **ヒント** たった1文字を変えるだけで改造できます。
>
> 解答は **282ページ** にあります。

> **Quiz　breakを使わずにループを途中終了するには？**
>
> ここで示したJavaのプログラムでは、breakという表記でループを途中終了しています。これを、breakを使わずにループを途中終了するプログラムに改造してください。
>
> **ヒント** 内側のループを改造します。繰り返しの条件がポイントです。
>
> 解答は **282ページ** にあります。

4-2-2　アルゴリズムのトレース

挿入法で、要素数5個の配列aを昇順にソートするアルゴリズムを、手作業でトレースしてみましょう。以下に示した手順を、1つずつ確認してください。

手順1　insに初期値として1を代入する。ins＜5が真なので外側のループ処理を行う

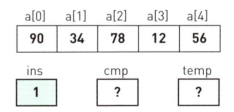

手順 2 挿入する a[ins] の値を temp に逃がす（代入する）

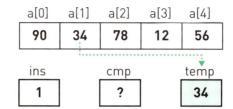

手順 3 cmp に初期値として ins − 1 を代入する。cmp ≧ 0 が真なので内側のループ処理を行う

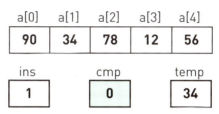

手順 4 a[cmp] > temp が真なので、a[cmp + 1] に a[cmp] を代入して、a[cmp] を1つ後ろに移動する

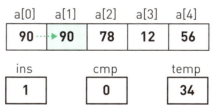

手順 5 cmp の値を1減らす。cmp ≧ 0 が偽なので内側のループ処理を終了する

a[0]	a[1]	a[2]	a[3]	a[4]
90	90	78	12	56

ins	cmp	temp
1	−1	34

手順 6　a[cmp ＋ 1] に temp に逃がしておいた値を挿入（代入）する

	a[0]	a[1]	a[2]	a[3]	a[4]
	34	90	78	12	56

ins	cmp	temp
1	−1	34

手順 7　ins の値を 1 増やす。ins ＜ 5 が真なので外側のループ処理を行う

	a[0]	a[1]	a[2]	a[3]	a[4]
	34	90	78	12	56

ins	cmp	temp
2	−1	34

手順 8　挿入する a[ins] の値を temp に逃がす（代入する）

	a[0]	a[1]	a[2]	a[3]	a[4]
	34	90	78	12	56

ins	cmp	temp
2	−1	78

手順 9　cmp に初期値として ins － 1 を代入する。cmp ≧ 0 が真なので内側のループ処理を行う

	a[0]	a[1]	a[2]	a[3]	a[4]
	34	90	78	12	56

ins	cmp	temp
2	1	78

手順 10 a[cmp] > temp が真なので、a[cmp＋1] に a[cmp] を代入して、a[cmp] を1つ後ろに移動する

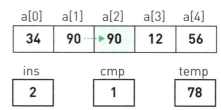

手順 11 cmp の値を1減らす。cmp ≧ 0 が真なので内側のループ処理を行う

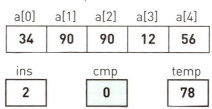

手順 12 a[cmp] > temp が偽なので、break で内側のループ処理を終了する

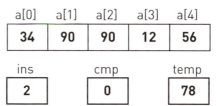

手順 13 a[cmp＋1] に temp に逃がしておいた値を挿入（代入）する

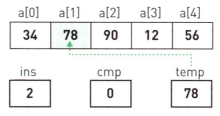

手順 14 insの値を1増やす。ins＜5が真なので外側のループ処理を行う

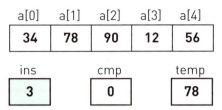

手順 15 挿入するa[ins]の値をtempに逃がす（代入する）

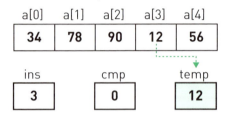

手順 16 cmpに初期値としてins－1を代入する。cmp≧0が真なので内側のループ処理を行う

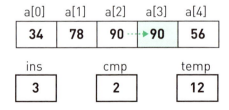

手順 17 a[cmp]＞tempが真なので、a[cmp＋1]にa[cmp]を代入して、a[cmp]を1つ後ろに移動する

手順 18 cmpの値を1減らす。cmp ≧ 0が真なので内側のループ処理を行う

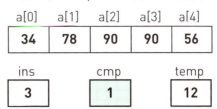

手順 19 a[cmp] > tempが真なので、a[cmp＋1]にa[cmp]を代入して、a[cmp]を1つ後ろに移動する

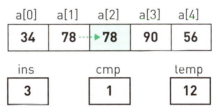

手順 20 cmpの値を1減らす。cmp ≧ 0が真なので内側のループ処理を行う

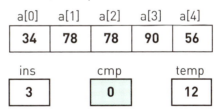

手順 21 a[cmp] > tempが真なので、a[cmp＋1]にa[cmp]を代入して、a[cmp]を1つ後ろに移動する

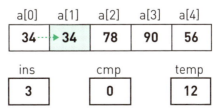

手順 22 cmpの値を1減らす。cmp ≧ 0が偽なので内側のループ処理を終了する

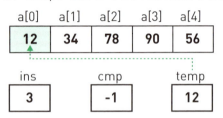

手順 23 a[cmp ＋ 1]にtempに逃がしておいた値を挿入（代入）する

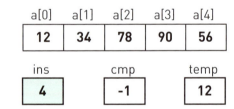

手順 24 insの値を1増やす。ins ＜ 5が真なので外側のループ処理を行う

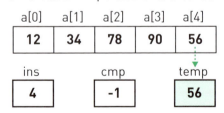

手順 25 挿入するa[ins]の値をtempに逃がす（代入する）

	a[0]	a[1]	a[2]	a[3]	a[4]
	12	34	78	90	56

ins	cmp	temp
4	-1	56

手順 26 cmpに初期値としてins − 1を代入する。cmp ≧ 0が真なので内側のループ処理を行う

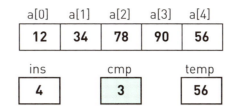

手順 27 a[cmp] > tempが真なので、a[cmp + 1]にa[cmp]を代入して、a[cmp]を1つ後ろに移動する

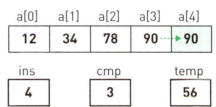

手順 28 cmpの値を1減らす。cmp ≧ 0が真なので内側のループ処理を行う

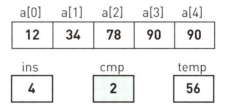

手順 29 a[cmp] > tempが真なので、a[cmp + 1]にa[cmp]を代入して、a[cmp]を1つ後ろに移動する

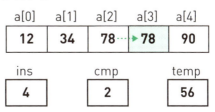

第 4 章 多重ループと挿入法

手順 30 cmpの値を1減らす。cmp ≧ 0が真なので内側のループ処理を行う

	a[0]	a[1]	a[2]	a[3]	a[4]
	12	34	78	78	90

ins	cmp	temp
4	1	56

手順 31 a[cmp] > tempが偽なので、breakで内側のループ処理を終了する

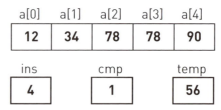

手順 32 a[cmp＋1]にtempに逃がしておいた値を挿入（代入）する

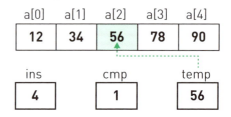

手順 33 insの値を1増やす。ins < 5が偽なので外側のループ処理を終了する

	a[0]	a[1]	a[2]	a[3]	a[4]
	12	34	56	78	90

ins	cmp	temp
5	1	56

4-2-3 Javaによるアルゴリズムのトレース

以下に、トレースのためのコードを追加したプログラムを示します。InsertionSortTrace.java というファイル名で作成してください。

Java
InsertionSortTrace.java

```java
public class InsertionSortTrace {
  public static void printArray(int[] a) {
    for (int i = 0; i < a.length; i++) {
      System.out.printf("[" + a[i] + "]");
    }
    System.out.printf("\n");
  }

  public static void main(String[] args) {
    int[] a = { 90, 34, 78, 12, 56 };
    int ins, cmp, temp;

    // ソート前の配列の内容を表示する
    printArray(a);

    // 挿入法で昇順にソートする
    for (ins = 1; ins < a.length; ins++) {
      System.out.printf("外側のループ：temp ← a[%d] = %d\n", ins,
      a[ins]);
      temp = a[ins];
      for (cmp = ins - 1; cmp >= 0; cmp--) {
        System.out.printf(
        "  内側のループ：ins = %d, cmp = %d, temp = %d\n",
        ins, cmp, temp);
        if (a[cmp] > temp) {
            a[cmp + 1] = a[cmp];
        }
        else {
          System.out.printf("  breakで中断\n");
          break;
        }
      }
      System.out.printf(
      "外側のループ：ins = %d, cmp = %d, temp = %d\n",
      ins, cmp, temp);
      System.out.printf(
```

```
            "外側のループ：確定した挿入位置 = a[%d] ← temp¥n¥n",
            cmp + 1);
        a[cmp + 1] = temp;
    }

    // ソート後の配列の内容を表示する
    printArray(a);
  }
}
```

以下に、プログラムの実行結果を示します。内側のループは、cmpが0になるまで繰り返される場合と、途中でbreakによって中断される場合があることに注目してください。どちらの場合も、挿入位置はcmp＋1です。

Javaのプログラムの実行結果

```
C:¥gihyo>java InsertionSortTrace
[90][34][78][12][56]
外側のループ：temp ← a[1] = 34
  内側のループ：ins = 1, cmp = 0, temp = 34
外側のループ：ins = 1, cmp = -1, temp = 34
外側のループ：確定した挿入位置 = a[0] ← temp

外側のループ：temp ← a[2] = 78
  内側のループ：ins = 2, cmp = 1, temp = 78
  内側のループ：ins = 2, cmp = 0, temp = 78
  breakで中断
外側のループ：ins = 2, cmp = 0, temp = 78
外側のループ：確定した挿入位置 = a[1] ← temp

外側のループ：temp ← a[3] = 12
  内側のループ：ins = 3, cmp = 2, temp = 12
  内側のループ：ins = 3, cmp = 1, temp = 12
  内側のループ：ins = 3, cmp = 0, temp = 12
外側のループ：ins = 3, cmp = -1, temp = 12
外側のループ：確定した挿入位置 = a[0] ← temp

外側のループ：temp ← a[4] = 56
  内側のループ：ins = 4, cmp = 3, temp = 56
  内側のループ：ins = 4, cmp = 2, temp = 56
  内側のループ：ins = 4, cmp = 1, temp = 56
  breakで中断
外側のループ：ins = 4, cmp = 1, temp = 56
外側のループ：確定した挿入位置 = a[2] ← temp

[12][34][56][78][90]
```

確認問題

Q1 以下の説明が正しければ○を、正しくなければ×を付けてください。

(1) 多重ループでは、内側のループカウンタの値が固定された状態で、外側のループカウンタが変化する
(2) 「hour時minute分」と表示する多重ループでは、hourが外側のループカウンタになる
(3) Javaでは、for文の中にwhile文がある多重ループを記述できない
(4) 挿入法では、外側のループカウンタが挿入する要素の添え字を示す
(5) 挿入法では、内側のループカウンタが挿入する要素の添え字を示す

Q2 以下は、配列aを挿入法で昇順にソートするJavaのプログラムです。空欄に適切な語句や演算子を記入してください。

```
public static void main(String[] args) {
  int[] a = { 90, 34, 78, 12, 56 };
  int ins, cmp, temp;

  for (ins = 1; ins < a.length; ins++) {
    temp = [   (1)   ] ;
    for (cmp = ins - 1; cmp >= 0; cmp--) {
      if (a[cmp] > temp) {
        [   (2)   ] = a[cmp];
      }
      else {
        break;
      }
    }
    a[cmp + 1] = [   (3)   ] ;
  }
}
```

解答は **284ページ** にあります。

COLUMN

挿入法と同じ計算量 O(N²) のバブルソートと選択法

　多重ループを使うアルゴリズムの計算量は、一般的に O(N²) になります。外側の N 回の繰り返しの中に、内側の N 回の繰り返しがあるので、N×N＝N² 回の繰り返しになるからです。したがって、この章で説明した挿入法の計算量は、O(N²) です。挿入法と同じ O(N²) の計算量になるソートのアルゴリズムとして、バブルソートと選択法があります。どちらも有名なアルゴリズムなので、手順の概要を説明しておきましょう。ここでは、昇順にソートを行います。

　バブルソート (bubble sort) は、池の底から表面に向かって、泡 (bubble) が浮かび上がるようにソートします。まず、配列の末尾から先頭に向かって隣同士の要素を比較し、値が小さい方が前になるように要素を交換します。これを繰り返すと、配列の先頭に一番小さい要素が浮かび上がります。次に、残りの要素に対して同じ手順を行うと、2 番目に小さい要素が浮かび上がります。以下、同様の手順を繰り返して、配列全体をソートします。

　選択法 (selection sort) は、小さな子供でもできる自然な手順です。まず、配列の先頭から末尾に向かって 1 つずつ値をチェックし、全体の最小値を選択し、最小値と先頭の要素を交換します。これで、一番小さい要素が確定します。次に、配列の先頭から 2 番目の要素から末尾に向かって同様の手順を行うと、2 番目に小さい要素が確定します。以下、同様の手順を繰り返して、配列全体をソートします。

　挿入法、バブルソート、選択法は、計算量で比べると、どれも O(N²) であり効率に違いはありません。ただし、実際のデータに適用してみると、バブルソートと選択法より挿入法の方が効率的な場合が多いので、この章では、挿入法を詳しく説明しました。

第 5 章

連結リストの仕組みと操作

アルゴリズムと一緒に学ぶべきテーマとして「データ構造」があります。データ構造とは、大量のデータを効率よく処理するための配置方法のことです。データ構造の基本は、これまでに何度も使ってきた配列です。配列の使い方を工夫することで、「連結リスト」や「二分探索木」などの特殊なデータ構造を実現できます。これらの特殊なデータ構造は、それぞれの長所が活かせる場面で使われます。この章では、連結リストというデータ構造を学びます。連結リストは、通常の配列と比べて、要素の挿入と削除を効率的に実現できます。ただし、「何番目」という位置を指定して要素を読み出すことは、連結リストより通常の配列の方が効率的です。このように、データ構造には、それぞれの得意分野があります。なお、Javaには、あらかじめ連結リストを実現するAPI（クラスライブラリ）が用意されていますが、ここでは、仕組みを知るために、あえて手作りで連結リストを実現します。さらに、擬似言語の表現に合わせて、Javaらしくない表現（クラスを構造体のように使う表現）が出てきます。これらの点をご了承ください。

第 5 章 連結リストの仕組みと操作

5-1 連結リストの仕組みとトレース

- Point ポインタの役割
- Point 連結リストの長所と短所

5-1-1 通常の配列と連結リストの違い

> **ここが Point**
> 複数のデータをひとまとめにしたものを「構造体」と呼ぶ

　複数のデータをひとまとめにしたものを**「構造体（structure）」**と呼びます。たとえば、ビジネスの世界で使われる名刺は、会社名、氏名、住所、電話番号などの複数のデータをひとまとめにした構造体です。

構造体の例

```
（株）東京商事
   山田 太郎
      東京都千代田区
      03-1111-1111
```

> **ここが Point**
> 構造体の配列を作ることもできる

　プログラムでは、整数や実数の配列を作れるように、**構造体の配列**を作ることもできます。以下は、名刺の構造体の配列の例です。

構造体の配列の例

（株）東京商事	（株）横浜産業	（株）名古屋物産	（株）京都食品	（株）大阪建設
山田 太郎	鈴木 花子	佐藤 三郎	田中 良子	高橋 五郎
東京都千代田区	神奈川県横浜市	愛知県名古屋市	京都府京都市	大阪府大阪市
03-1111-1111	045-222-2222	052-333-3333	0570-444-4444	06-5555-5555

5-1 連結リストの仕組みとトレース

> **ここが Point**
> 構造体の配列で「連結リスト」を作れる

> **ここが Point**
> 次の要素へのつながり情報を「ポインタ」と呼ぶ

構造体の配列を使うと、**「連結リスト (linked list)」** を実現できます。連結リスト（単にリストとも呼びます）は、配列の1つの要素が、次にどこにつながっているかという情報を持っているものです。このつながり情報のことを**「ポインタ (pointer ＝指し示すもの)」** と呼びます。

通常の配列（連結リストではない配列）では、要素の順序は、要素の物理的な並び順と同じです。たとえば、東海道新幹線の主要な駅の名前を、通常の配列で表すと以下のようになります。これは、それぞれの駅の**物理的な並び順と同じです**。

通常の配列で表した東海道新幹線の主要な駅の名前

a[0]	a[1]	a[2]	a[3]	a[4]
東京	新横浜	名古屋	京都	新大阪

> **ここが Point**
> 連結リストを使うと、要素の物理的な並び順とは無関係に、ポインタによって要素の順序を決められる

> **ここが Point**
> ポインタを－1にすることで、連結リストの末尾の要素であることを示せる

連結リストを使うと、要素の物理的な並び順とは無関係に、ポインタによって要素の順序を決められます。以下の連結リストでは、要素の物理的な並び順は「新大阪」「名古屋」「東京」「京都」「新横浜」ですが、ポインタをたどると、「東京」→「新横浜」→「名古屋」→「京都」→「新大阪」になっています。「先頭ポインタ」という変数は、リストの先頭の添え字を格納しています。リストの末尾の要素の「新大阪」のポインタは「次は－1」になっています。－1は、配列の添え字としてあり得ない値なので、次の要素につながっていない末尾であることを示せます。

連結リストで表した東海道新幹線の主要な駅の名前

a[0]	a[1]	a[2]	a[3]	a[4]
新大阪 次は－1	名古屋 次は3	東京 次は4	京都 次は0	新横浜 次は1

先頭ポインタ
先頭は2

123

第 5 章　連結リストの仕組みと操作

5-1-2　連結リストの長所

ここがPoint
通常の配列と比べた連結リストの長所は、要素の挿入と削除が効率的に行えることである

　連結リストには、通常の配列と比べて、要素の挿入と削除が効率的に行えるという長所があります。たとえば、先ほどの東海道新幹線の駅名に「品川」を挿入するとしましょう。通常の配列の場合は、物理的な位置に「品川」を挿入しなければならないので、「新大阪」「京都」「名古屋」「新横浜」という4つの要素を後ろに移動し、「品川」の挿入位置を空ける必要があります。わずか4つなので、それほど時間がかかりませんが、要素数が数万個あるような場合には膨大な時間がかかります。

通常の配列に要素を挿入する

a[0]	a[1]	a[2]	a[3]	a[4]
東京	新横浜	名古屋	京都	新大阪

手順 1　「新大阪」を1つ後ろにずらす

a[0]	a[1]	a[2]	a[3]	a[4]	a[5]
東京	新横浜	名古屋	京都	新大阪	新大阪

手順 2　「京都」を1つ後ろにずらす

a[0]	a[1]	a[2]	a[3]	a[4]	a[5]
東京	新横浜	名古屋	京都	京都	新大阪

手順 3　「名古屋」を1つ後ろにずらす

a[0]	a[1]	a[2]	a[3]	a[4]	a[5]
東京	新横浜	名古屋	名古屋	京都	新大阪

5-1 連結リストの仕組みとトレース

手順 4 「新横浜」を1つ後ろにずらす

a[0]	a[1]	a[2]	a[3]	a[4]	a[5]
東京	新横浜	新横浜	名古屋	京都	新大阪

手順 5 a[1]に「品川」を挿入する

a[0]	a[1]	a[2]	a[3]	a[4]	a[5]
東京	品川	新横浜	名古屋	京都	新大阪

ここが Point
要素を配列の末尾に格納し、ポインタを書き換えることで、連結リストの任意の位置に挿入できる

連結リストなら、物理的には「品川」を配列の末尾のa[5]に格納し、「品川」のポインタを「次は4」に設定し、「東京」のポインタを「次は5」に書き換えるだけで、「品川」の挿入が完了します。とても効率的です。

連結リストに要素を挿入する

a[0]	a[1]	a[2]	a[3]	a[4]
新大阪 次は−1	名古屋 次は3	東京 次は4	京都 次は0	新横浜 次は1

先頭ポインタ

先頭は2

手順 1 a[5]に「品川」を挿入し、ポインタを「次は4」に設定する

a[0]	a[1]	a[2]	a[3]	a[4]	a[5]
新大阪 次は−1	名古屋 次は3	東京 次は4	京都 次は0	新横浜 次は1	品川 次は4

先頭ポインタ

先頭は2

手順 2 「東京」のポインタを「次は5」に書き換える

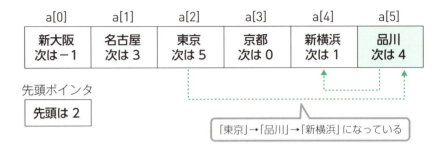

	a[0]	a[1]	a[2]	a[3]	a[4]	a[5]
	新大阪 次は-1	名古屋 次は3	東京 次は5	京都 次は0	新横浜 次は1	品川 次は4

先頭ポインタ
先頭は 2

「東京」→「品川」→「新横浜」になっている

今度は、「品川」を削除してみましょう。通常の配列の場合は、物理的に「品川」を削除しなければならないので、「新横浜」「名古屋」「京都」「新大阪」という4つの要素を前に移動する必要があります。わずか4つなので、それほど時間がかかりませんが、要素数が数万個あるような場合には膨大な時間がかかります。

通常の配列から要素を削除する

a[0]	a[1]	a[2]	a[3]	a[4]	a[5]
東京	品川	新横浜	名古屋	京都	新大阪

手順 1 「新横浜」を1つ前にずらす

a[0]	a[1]	a[2]	a[3]	a[4]	a[5]
東京	新横浜	新横浜	名古屋	京都	新大阪

手順 2 「名古屋」を1つ前にずらす

a[0]	a[1]	a[2]	a[3]	a[4]	a[5]
東京	新横浜	名古屋	名古屋	京都	新大阪

手順 3 「京都」を1つ前にずらす

a[0]	a[1]	a[2]	a[3]	a[4]	a[5]
東京	新横浜	名古屋	京都	京都	新大阪

5-1 連結リストの仕組みとトレース

手順 4 「新大阪」を1つ前にずらす

a[0]	a[1]	a[2]	a[3]	a[4]	a[5]
東京	新横浜	名古屋	京都	新大阪	新大阪

手順 5 a[5]に空白を格納する

a[0]	a[1]	a[2]	a[3]	a[4]	a[5]
東京	新横浜	名古屋	京都	新大阪	

ここが Point
ポインタを書き換えるだけで、連結リストの要素を削除できる

連結リストなら、「東京」のポインタを「次は4」に書き換えるだけで、「品川」の削除が完了します。とても効率的です。「品川」は、物理的には削除されていませんが、連結リストのつながりからは削除されています。

連結リストから要素を削除する

手順 1 「東京」のポインタを「次は4」に書き換える

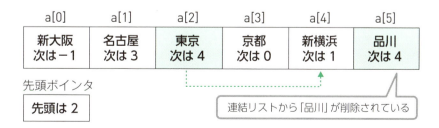

連結リストから「品川」が削除されている

第 5 章　連結リストの仕組みと操作

> **Quiz　削除した要素を管理するには？**
>
> ここで示した例のように、連結リストから削除された要素は、物理的にはメモリ上に残っています。このメモリ領域を、新たに挿入される要素のために再利用するには、どのように管理すればよいでしょう。
>
> **ヒント** もう1つの連結リストを使って管理する方法を考えてください。
>
> 解答は 282ページ にあります。

5-1-3　連結リストの短所

ここがPoint
通常の配列と比べた連結リストの短所は、「何番目」という位置を指定して要素を読み出すときに、処理を多く必要とすることである

　通常の配列と比べて、連結リストには短所もあります。それは、「何番目」という位置を指定して要素を読み出すときに処理を多く必要とすることです。たとえば、東海道新幹線の駅において「3番目（先頭を0番とすれば2番目）」の駅名を得るとしましょう。通常の配列の場合は、先頭の要素がa[0]ならa[2]が3番目です。a[2]を読み出して「名古屋」という駅名が得られます。とても効率的です。

通常の配列から3番目の要素を読み出す

　連結リストの場合は、先頭ポインタを参照して1番目がa[2]だとわかり、a[2]のポインタを参照して2番目がa[4]だとわかり、a[4]のポインタを参照して3番目がa[1]だとわかり、ようやくa[1]の「名古屋」という駅名が得られます。**連結リストをたどらなければ、何番目であるかが判断できないのです。**わずか3つなので、それほど時間がかかりませんが、要素数が数万個あるような場合には膨大な時間がかかります。

連結リストから
3番目の要素を読み出す

a[0]	a[1]	a[2]	a[3]	a[4]
新大阪 次は−1	名古屋 次は3	東京 次は4	京都 次は0	新横浜 次は1

先頭ポインタ
先頭は2

手順1 先頭ポインタを参照して、1番目がa[2]だとわかる

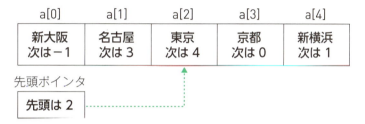

手順2 a[2]のポインタを参照して、2番目がa[4]だとわかる

手順3 a[4]のポインタを参照して、3番目がa[1]の「名古屋」だとわかる

3番目は、a[1]の「名古屋」である

第 5 章　連結リストの仕組みと操作

5-2　連結リストを操作するプログラム

Point 挿入におけるポインタの操作
Point 削除におけるポインタの操作

5-2-1　連結リストを作成して要素を表示する

　この章の前半部では、連結リストの仕組みを知り、操作の方法を確認しました。後半部では、擬似言語とJavaで、東海道新幹線の駅の連結リストを操作するプログラムを作ってみましょう。そのためには、「駅名」と「ポインタ」をひとまとめにした構造体を定義する必要があります。**プログラムでは、プログラマが独自に作成したデータ型として、構造体を定義します。**ここでは、構造体の名前をStationListにしましょう。この名前がデータ型となります。そして、StationListの配列が、連結リストの実体になります。

> **ここがPoint**
> プログラムでは、プログラマが独自に作成したデータ型として、構造体を定義する

　以下は、擬似言語で定義したStationList構造体の定義です。基本情報技術者試験の擬似言語の仕様には、構造体に関する取り決めがありませんが、平成25年度春期の試験問題に構造体が出題されているので、それに準拠した表記にしてあります。{ }の中に、構造体にまとめるデータを記述するという表記です。文字列型のnameは「駅名」で、整数型のnextは「ポインタ（次の要素の要素番号）」を意味します。

擬似言語

○構造型：StationList { 文字列型：name, 整数型：next }

> **ここがPoint**
> Javaには構造体がないので、クラスで代用する。そのため本書では、Javaらしくない表現を使う場合がある

　C言語には構造体を表記する構文がありますが、Javaにはありません。Javaには構造体の機能に似たクラスという構文があるので、本書では、クラスで構造体を代用することにします。以下は、Javaで定義したStationListクラスの定義です。本書では、擬似言語やC言語の表現と合わせるために、Javaのクラスを

5-2 連結リストを操作するプログラム

構造体のように使うことをご了承ください。コンストラクタを定義しないことやフィールドをpublicにするなど、Javaらしくない部分があることもご了承ください。プログラムの内容が汎用的でないこともご了承ください。

Java
```java
class StationList {
  public String name;
  public int next;
}
```

かなり長いプログラムになるので、連結リストの処理を関数（Javaではメソッド）に分けて記述することにします。はじめに、以下の初期状態の連結リストを作成するinitStationList関数、連結リストの要素を表示するprintStationList関数、およびプログラムの実行開始位置となるmain関数を作ります。

初期状態の連結リスト

list[0]	list[1]	list[2]	list[3]	list[4]
新大阪 次は −1	名古屋 次は 3	東京 次は 4	京都 次は 0	新横浜 次は 1

top
先頭は 2

連結リストの実体は、StationList構造体をデータ型としたlistという名前の配列にします。要素数の最大値は、適当に10個としておきましょう。先頭ポインタは、topという名前の変数にします。listとtopは、関数の外で宣言します。それによって、プログラムを構成するすべての関数から利用できるものとなります（関数の中で宣言された配列や変数は、その関数だけから利用できます）。

> **ここが Point**
> 関数の外で宣言された変数は、プログラムを構成するすべての関数から利用できる

以下は、擬似言語で記述したプログラムです。詳しいコメントを付けてあるので、コメントを参考にしながら、それぞれの関数の処理内容を確認してみましょう。擬似言語では、行の先頭で「○」の後に関数名を書いて関数の記述を始めます。関数の記述の終わりを示す表記がなくてわかりにくいので、「関数（ここから）」および「関数（ここまで）」というコメントで、関数の記述の範囲を囲んでいます。

第 5 章　連結リストの仕組みと操作

擬似言語

```
/* StationList構造体の定義 */
○構造型：StationList { 文字列型：name, 整数型：next }

/* 連結リストの実体となる配列（要素数を最大10個とする）*/
○StationList：list[10]

/* 先頭ポインタ */
整数型：top

/* 初期状態の連結リストを作成する関数（ここから）*/
○initStationList()
/* 駅名とポインタを設定する */
・list[0].name ← "新大阪"
・list[0].next ← -1
・list[1].name ← "名古屋"
・list[1].next ← 3
・list[2].name ← "東京"
・list[2].next ← 4
・list[3].name ← "京都"
・list[3].next ← 0
・list[4].name ← "新横浜"
・list[4].next ← 1

/* 先頭ポインタを設定する */
・top ← 2
/* 初期状態の連結リストを作成する関数（ここまで）*/

/* 連結リストの要素を表示する関数（ここから）*/
○printStationList()
○整数型：idx
・idx ← top
■ idx ≠ -1
│ ・list[idx].nameと"→"を表示する
│ ・idx ← list[idx].next
■
・改行する
/* 連結リストの要素を表示する関数（ここまで）*/

/* プログラムの実行開始位置となるmain関数（ここから）*/
○main
/* 初期状態の連結リストを作成して表示する */
・initStationList()
・printStationList()
/* プログラムの実行開始位置となるmain関数（ここまで）*/
```

initStationList関数では、連結リストのそれぞれの要素に駅名とポインタを設定し、先頭ポインタtopに先頭の要素の添え字である2を設定します。list[0].nameやlist[0].nextは、list[0]という要素のnameやnextという意味です。この「.（ドット）」を「〜の」と読むとわかりやすいでしょう。list[0].nameなら「list[0]のname」です。構造体にまとめられた個々のデータ（構造体のメンバと呼びます）は、このようにドットを使った表現で読み書きします。

printStationList関数には、リストの操作において大いに注目すべきポイントがあります。通常の配列の場合は、ループカウンタを配列の要素番号に合わせて、0〜末尾まで順番に1ずつ増やしながら要素を読み出します。それに対して、**連結リストの場合は、次の要素を読み出す変数idx（index＝「添え字」という意味です）を用意し、idxに先頭topの値を格納する**ことからスタートして、idxの**値を現在の要素のポインタで上書き更新することで、次の要素を読み出します**。これは、「・idx ← list[idx].next」の部分です。末尾の要素を読み出した後は、「・idx ← list[idx].next」によってidxに−1が格納されるので、**リストをたどる繰り返し処理の条件は、「idxが−1でない限り」**です。これは、「■ idx ≠ −1」の部分です。

> **ここがPoint**
> 連結リストでは、現在の要素のポインタをたどることで、次の要素を読み出す

プログラムの実行開始位置となるmain関数では、initStationList関数を呼び出してから、printStationList関数を呼び出しています。これによって、初期状態の連結リストの要素が画面に表示されます。

Javaでプログラムを作って、実際の動作を確認してみましょう。以下は、先ほど擬似言語で示したプログラムをJavaで記述したものです。Javaでは、クラスの中にメソッドを記述しなければならない約束になっているので、StationListクラスとは別にLinkedListクラスがあり、LinkedListクラスの中に、連結リストの実体となる配列list、先頭ポインタtop、initStationListメソッド、printStationListメソッド、およびmainメソッドを記述しています。このプログラムをLinkedList.javaというファイル名で作成してください。

Java LinkedList.java

```java
// StationListクラスの定義
class StationList {
  public String name; // 駅名
  public int next;    // ポインタ
}
```

第 5 章　連結リストの仕組みと操作

```java
// 連結リストを操作するクラスの定義
public class LinkedList {
    // 連結リストの実体となる配列（要素数を最大10個とする）
    public static StationList[] list = new StationList[10];

    // 先頭ポインタ
    public static int top;

    // 初期状態の連結リストを作成するメソッド
    public static void initStationList() {
      // Javaではインスタンスの生成が必要
      // （この処理は擬似言語とC言語では不要）
      for (int i = 0; i < list.length; i++) {
        list[i] = new StationList();
      }

      // 駅名とポインタを設定する
      list[0].name = "新大阪";
      list[0].next = -1;
      list[1].name = "名古屋";
      list[1].next = 3;
      list[2].name = "東京";
      list[2].next = 4;
      list[3].name = "京都";
      list[3].next = 0;
      list[4].name = "新横浜";
      list[4].next = 1;

      // 先頭ポインタを設定する
      top = 2;
    }

    // 連結リストの要素を表示するメソッド
    public static void printStationList() {
      int idx = top;
      while (idx != -1) {
        System.out.printf("[" + list[idx].name + "]→");
        idx = list[idx].next;
      }
      System.out.printf("¥n");
    }

    // プログラムの実行開始位置となるmainメソッド
    public static void main(String[] args) {
      // 初期状態の連結リストを作成して表示する
```

```
    initStationList();
    printStationList();
  }
}
```

以下に、プログラムの実行結果を示します。連結リストの要素を「→」でつないで表示しています。「新大阪」は、連結リストの末尾なので「→」の先には何も表示されません。

Javaのプログラムの実行結果

```
C:\gihyo>java LinkedList
[東京]→[新横浜]→[名古屋]→[京都]→[新大阪]→
```

5-2-2　連結リストへ要素を挿入する

　これまでに作ったプログラムに関数を追加して、連結リストへ要素を挿入してみましょう。新たに作成する関数は、insertStationList(**整数型：insIdx, 文字列型：insName, 整数型：prevIdx**)という構文にします。引数insIdx (insert index＝「挿入する添え字」という意味) には、新たに挿入する要素の添え字を指定します。引数insName (insert name＝「挿入する名前」という意味) には、新たに挿入する駅の名前を指定します。引数prevIdx (previous index＝「前の添え字」という意味) には、挿入する要素の1つ前の要素の添え字を指定します。たとえば、以下のように、新たにlist[5]に「品川」を格納し、その1つ前の要素をlist[2]の「東京」にする場合は、insertStationList(5, "品川", 2)という引数を指定します。

list[0]	list[1]	list[2]	list[3]	list[4]	list[5]
新大阪 次は−1	名古屋 次は3	東京 次は4	京都 次は0	新横浜 次は1	

品川

第 5 章　連結リストの仕組みと操作

　以下は、擬似言語で記述したinsertStationList関数です。main関数の前に記述してください。ポイントとなるのは、「list[insIdx].next ← list[prevIdx].next」の部分で、新たに挿入した要素のポインタに、その前の要素のポインタを設定していることと、「list[prevIdx].next ← insIdx」の部分で、1つ前の要素のポインタに、新たに挿入した要素の添え字を設定していることです。これらのポインタの設定によって、連結リストに要素が挿入されます。

ここがPoint
ポインタの設定によって、連結リストに要素が挿入される

擬似言語
```
/* 連結リストに要素を挿入する関数（ここから）*/
○insertStationList(整数型：insIdx, 文字列型：insName, 整数型：prevIdx)
・list[insIdx].name ← insName
・list[insIdx].next ← list[prevIdx].next
・list[prevIdx].next ← insIdx
/* 連結リストに要素を挿入する関数（ここまで）*/
```

　main関数には、insertStationList関数を呼び出す処理と、その結果を表示するためのprintStationList関数を呼び出す処理を追加します。

擬似言語
```
/* プログラムの実行開始位置となるmain関数（ここから）*/
○main
/* 初期状態の連結リストを作成して表示する */
・initStationList()
・printStationList()

/* 連結リストに要素を挿入して表示する */
・insertStationList(5, "品川", 2)
・printStationList()
/* プログラムの実行開始位置となるmain関数（ここまで）*/
```

　以下は、Javaで記述したinsertStationListメソッドです。LinkedListクラスの中で、mainメソッドの前に記述してください。

Java
LinkedList.java
```java
// 連結リストに要素を挿入するメソッド
public static void insertStationList(int insIdx, String insName, int prevIdx) {
    list[insIdx].name = insName;
    list[insIdx].next = list[prevIdx].next;
    list[prevIdx].next = insIdx;
}
```

Javaのmainメソッドには、insertStationListメソッドを呼び出す処理と、その結果を表示するためのprintStationListメソッドを呼び出す処理を追加します。

Java
LinkedList.java

```java
// プログラムの実行開始位置となるmainメソッド
public static void main(String[] args) {
    // 初期状態の連結リストを作成して表示する
    initStationList();
    printStationList();

    // 連結リストに要素を挿入して表示する
    insertStationList(5, "品川", 2);
    printStationList();
}
```

以下に、プログラムの実行結果を示します。新たに作成したinsertStationListメソッドで、連結リストに要素を挿入できました。

Javaのプログラムの実行結果

```
C:\gihyo>java LinkedList
[東京]→[新横浜]→[名古屋]→[京都]→[新大阪]→
[東京]→[品川]→[新横浜]→[名古屋]→[京都]→[新大阪]→
```

5-2-3 連結リストから要素を削除する

これまでに作ったプログラムにさらに関数を追加して、連結リストから要素を削除してみましょう。新たに作成する関数は、deleteStationList(整数型：delIdx, 整数型：prevIdx)という構文にします。引数delIdx (delete index =「削除する添え字」という意味) には、削除する要素の添え字を指定します。引数prevIdx (previous index =「前の添え字」という意味) には、削除する要素の1つ前の要素の添え字を指定します。たとえば、以下のように、list[5]の「品川」を削除する場合は、その前がlist[2]の「東京」なので、deleteStationList(5, 2)という引数を指定します。

第 5 章　連結リストの仕組みと操作

list[0]	list[1]	list[2]	list[3]	list[4]	list[5]
新大阪 次は−1	名古屋 次は 3	東京 次は 5	京都 次は 0	新横浜 次は 1	品川 次は 4

> **ここがPoint**
> ポインタの設定によって、連結リストから要素が削除される

　以下は、擬似言語で記述したdeleteStationList関数です。main関数の前に記述してください。deleteStationList関数の処理は、「list[prevIdx].next ← list[delIdx].next」という1行だけです。1つ前の要素のポインタに、削除する要素のポインタを設定しています。この設定によって、連結リストから要素が削除されます。

擬似言語
```
/* 連結リストから要素を削除する関数（ここから）*/
○deleteStationList(整数型：delIdx, 整数型：prevIdx)
・list[prevIdx].next ← list[delIdx].next
/* 連結リストから要素を削除する関数（ここまで）*/
```

　main関数には、deleteStationList関数を呼び出す処理と、その結果を表示するためのprintStationList関数を呼び出す処理を追加します。

擬似言語
```
/* プログラムの実行開始位置となるmain関数（ここから）*/
○main
/* 初期状態の連結リストを作成して表示する */
・initStationList()
・printStationList()

/* 連結リストに要素を挿入して表示する */
・insertStationList(5, "品川", 2)
・printStationList()

/* 連結リストから要素を削除して表示する */
・deleteStationList(5, 2)
・printStationList()
/* プログラムの実行開始位置となるmain関数（ここまで）*/
```

　以下は、Javaで記述したdeleteStationListメソッドです。LinkedListクラスの中で、mainメソッドの前に記述してください。

Java LinkedList.java
```java
// 連結リストから要素を削除するメソッド
public static void deleteStationList(int delIdx, int prevIdx) {
    list[prevIdx].next = list[delIdx].next;
}
```

Javaのmainメソッドには、deleteStationListメソッドを呼び出す処理と、その結果を表示するためのprintStationListメソッドを呼び出す処理を追加します。

Java
LinkedList.java

```java
// プログラムの実行開始位置となるmainメソッド
public static void main(String[] args) {
  // 初期状態の連結リストを作成して表示する
  initStationList();
  printStationList();

  // 連結リストに要素を挿入して表示する
  insertStationList(5, "品川", 2);
  printStationList();

  // 連結リストから要素を削除して表示する
  deleteStationList(5, 2);
  printStationList();
}
```

以下に、プログラムの実行結果を示します。新たに作成したdeleteStationListメソッドで、連結リストから要素を削除できました。

Javaのプログラムの実行結果

```
C:\gihyo>java LinkedList
[東京]→[新横浜]→[名古屋]→[京都]→[新大阪]→
[東京]→[品川]→[新横浜]→[名古屋]→[京都]→[新大阪]→
[東京]→[新横浜]→[名古屋]→[京都]→[新大阪]→
```

第 5 章 連結リストの仕組みと操作

確認問題

Q1 以下の説明が正しければ○を、正しくなければ×を付けてください。

(1) 連結リストの実体は、構造体の配列である
(2) 連結リストでは、メモリ上の物理的な順序とは無関係に、要素の順序を決められる
(3) 一般的に、連結リストより通常の配列の方が、挿入と削除を効率的に行える
(4) 一般的に、通常の配列より連結リストの方が、「何番目」という位置を指定した要素の読み出しを効率的に行える
(5) 連結リストから要素を削除すると、自動的にメモリ上からも物理的に削除される

Q2 以下は、連結リストの要素のnameを先頭から末尾まで順番に表示する擬似言語のプログラムです。連結リストの実体は、配列listです。ここには示していませんが、関数の外で宣言された変数topに、先頭の要素の添え字が設定されているとします。要素のnextには、次の要素の添え字が設定されています。末尾の要素のnextには、－1が設定されています。空欄に適切な語句や演算子を記入してください。

```
○printStationList()
○整数型：idx
・idx ← [   (1)   ]
■ idx ≠ [   (2)   ]
│ ・list[idx].nameと"→"を表示する
│ ・idx ← [   (3)   ]
■
・改行する
```

解答は **284**ページ にあります。

COLUMN

単方向リスト、双方向リスト、循環リスト

　この章で説明した連結リストは、1つの要素から次へ次へとたどれるものでした。このようなリストを「単方向リスト」と呼びます。

単方向リストの例

　連結リストの1つの要素に、次の要素へのポインタだけでなく、前の要素へのポインタも持たせれば、次にも前にもたどれるものとなります。このようなリストを「双方向リスト」と呼びます。

双方向リストの例

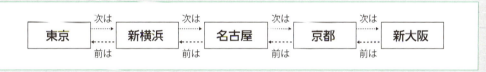

　リストの末尾の要素の次に、先頭の要素をたどれるようにすると、リストがぐるぐると循環してたどれるものとなります。このようなリストを「循環リスト」と呼びます。単方向の循環リストと、双方向の循環リストがあります。

単方向の循環リストの例

双方向の循環リストの例

第 6 章

二分探索木への追加と探索

第5章で説明した連結リストの1つの要素に2つのポインタを持たせ、1つの要素から枝分かれして2つの要素につながるようにしたデータ構造を「二分木 (binary tree)」と呼びます。自然界の木のように、枝分かれした先がさらに枝分かれして、どんどん伸びていくからです。二分木のデータ構造には、いくつかの形式がありますが、この章では「二分探索木」を説明します。二分探索木は、その名前が示すとおり、探索を行うための二分木です。第3章で説明した二分探索のアルゴリズムを、データ構造で実現します。二分探索が効率的であったように、二分探索木を使った探索も効率的です。この章では、関数の処理の中で同じ関数を呼び出すことで繰り返しを実現する「再帰呼び出し」というテクニックの概要も紹介します。再帰呼び出しに関しては、第8章で詳しく説明します。

第 6 章　二分探索木への追加と探索

6-1 二分探索木のデータ構造と要素の追加

> Point　二分探索木へデータを追加するルール
> Point　二分探索を実現する構造体

6-1-1　二分探索木のデータ構造

> **ここが Point**
> 二分探索木は、連結リストの応用である

> **ここが Point**
> より小さい要素を左に、より大きい要素を右につなぐ、というルールを設ける

> **ここが Point**
> 二分探索木の大元にある要素を「根（root）」と呼ぶ

　「**二分探索木（binary search tree）**」は、連結リストの応用です。連結リストの1つの要素に2つのポインタを持たせ、1つの要素から2つの要素に枝分かれするように要素をつないでいきます。このとき、より小さい要素を左側に、より大きい要素を右側につなぐというルールを設けます（同じ値の要素はないとします）。これによって、効率的に要素の値を探索できます。

　以下は、二分探索木の例です。これまでの章では、配列の要素を四角形で図示してきましたが、二分探索木では慣例として円で図示します。自然界の木は、下から上に伸びますが、二分探索木は、上から下に向かって伸びます。その方が、要素を追加しながら図を描くのが容易だからです。二分探索木の大元にある要素を「**根（root）**」と呼びます。

二分探索木の例

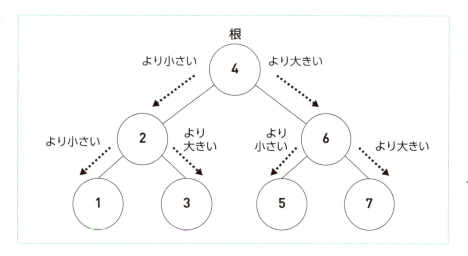

　この二分探索木の末端にある「5」を探索してみましょう。探索は、根の「4」からスタートします。「5」は、「4」より大きいので、「4」の右側にたどって「6」に進みます。「5」は、「6」より小さいので、「6」の左側にたどって「5」が見つかります。「4」→「6」→「5」という3回の処理で見つかりました。要素は全部で7個あるのに、末端にある要素が3回の処理で見つかったのですから、とても効率的です。**二分探索木を使った探索の計算量は、第3章で説明した二分探索と同じであり$O(\log_2 N)$です。**

> **ここが Point**
> 二分探索木を使った探索の計算量は、二分探索と同じ$O(\log_2 N)$である

二分探索木から「5」を探索する

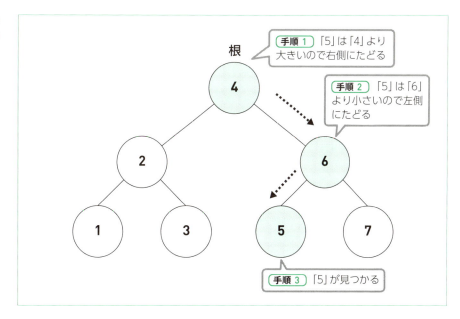

第6章 二分探索木への追加と探索

> **Quiz どの部分が根、節、葉？**
>
> 二分探索木の大元の要素を「根」と呼びます。その他の要素は、「節（node）」または「葉（leaf）」と呼ばれます。これまでに例にしてきた二分探索木では、「4」が根ですが、他の要素は節と葉のどちらでしょう。
>
> 解答は **282ページ** にあります。

6-1-2 二分探索木へ要素を追加するアルゴリズム

ここがPoint
二分探索木に追加された要素は、木の末端に追加される

　二分探索木が「木」であるのは、枝分かれしているからだけではありません。**自然界の木と同様に、どんどん伸びていくのです。これは、木に新たに追加された要素が、木の末端に追加される**という意味です。二分探索木に要素を追加するアルゴリズムの概要を言葉で説明すると、以下のようになります。

> ① 最初に追加する要素を根にする
> ② それ以降で追加する要素は、根と比べることからスタートして、より小さければ左側に、より大きければ右側にたどり、末端に追加する

ここがPoint
二分探索木には、左側の要素にたどるポインタと、右側の要素にたどるポインタがある

　二分探索木は、連結リストの応用なので、その実体は構造体の配列です。以下は、二分探索木の構造体BST（binary search treeの略）を擬似言語で表記したものです。**ポインタが2つあることに注目してください。left**は、左側の要素にたどるポインタです。**right**は、右側の要素にたどるポインタです。要素の値は、整数型のdataに格納します。

擬似言語

○構造型：BST { 整数型：data, 整数型：left, 整数型：right }

　以下は、Javaで記述したBSTクラスです。Javaには、構造体の構文がないのでクラスで代用しています。

6-1 二分探索木のデータ構造と要素の追加

Java
```
class BST {
  public int data;
  public int left;
  public int right;
}
```

「4」「6」「5」「2」「3」「7」「1」の順に要素を追加して、二分探索木を構築するプログラムを作ってみましょう。BST構造体の配列treeを用意して、物理的には、tree[0]～tree[6]に要素を順番に格納します。ただし、個々の要素のポインタleftとrightをたどると、二分探索木が構築されているようにします。

第5章と同様に、ここでも処理を関数（Javaではメソッド）に分けて記述することにします。はじめに、二分探索木に要素を追加するaddBST関数、二分探索木の要素を物理的な順序で表示するprintPhysicalBST関数、およびプログラムの実行開始位置となるmain関数を作ります。これらの関数の外部で、二分探索木の実体となる配列tree、根の要素の添え字（連結リストの先頭ポインタに相当します）rootIdx、および次に格納する要素の添え字newIdxを宣言しておきます。これらは、プログラムを構成するすべての関数から利用できます。

以下は、擬似言語で記述したプログラムです。詳しいコメントを付けてあるので、コメントを参考にしながら、addBST関数の処理内容を確認してみましょう。printPhysicalBST関数とmain関数は、単純な処理なので説明を省略します。

擬似言語
```
/* BST構造体の定義 */
○構造型：BST { 整数型：data, 整数型：left, 整数型：right }

/* 二分探索木の実体となる配列（要素数を最大10個とする）*/
○BST：tree[10]
/* 根の要素の添え字（連結リストの先頭ポインタ）*/
○整数型：rootIdx ← 0
/* 次に格納する要素の添え字 */
○整数型：newIdx ← 0

/* 二分探索木に要素を追加する関数（ここから）*/
○addBST(整数型：data)
○整数型：currentIdx  /* 現在たどっている要素の添え字 */
○論理型：addFlag     /* 追加が完了したことを示すフラグ */
```

```
                    /* 物理的な位置に追加する */
                    ・tree[newIdx].data ← data
                    ・tree[newIdx].left ← -1
                    ・tree[newIdx].right ← -1
                    /* 根のデータでないなら、論理的な位置にポインタを設定する */
                  ▲ newIdx ≠ rootIdx
                    ・currentIdx ← rootIdx /* 根から二分探索木をたどる */
                    ・addFlag ← false /* 追加は完了していない */

                      ▲ data < tree[currentIdx].data
                        /* より小さい場合は、左側にたどる */
                         tree[currentIdx].left = -1
                       ▲ /* 左側が末端なら、そこに追加する */
                         ・tree[currentIdx].left ← newIdx
                         ・addFlag ← true

                         /* 左側が末端でないなら、さらに左側の要素をたどる */
                         ・currentIdx ← tree[currentIdx].left

                        /* より大きい場合は、右側にたどる（同じ値はないとする）*/
                         tree[currentIdx].right = -1
                         /* 右側が末端なら、そこに追加する */
                         ・tree[currentIdx].right ← newIdx
                         ・addFlag ← true

                         /* 右側が末端でないなら、さらに右側の要素をたどる */
                         ・currentIdx ← tree[currentIdx].right

                    ■ addFlag = false

                    /* 次に格納する要素のために添え字を1増やしておく */
                    ・newIdx = newIdx + 1
                    /* 二分探索木に要素を追加する関数（ここまで）*/

                    /* 二分探索木の実体の配列を、物理的な順序で表示する関数（ここから）*/
                    ○printPhysicalBST
                    ○整数型：i
                  ■ i：0, i < newIdx, 1
                    ・tree[i]のdata、left、rightの値を表示する

                    /* 二分探索木の実体の配列を、物理的な順序で表示する関数（ここまで）*/

                    /* プログラムの実行開始位置となるmain関数（ここから）*/
                    ○main
```

```
/* 二分探索木を構築して、物理的な順序で表示する */
・addBST(4)
・addBST(6)
・addBST(5)
・addBST(2)
・addBST(3)
・addBST(7)
・addBST(1)
・printPhysicalBST()
/* プログラムの実行開始位置となるmain関数（ここまで）*/
```

addBST関数は、引数dataに指定された要素を二分探索木に追加します。そのためには、いかにして二分探索木をたどるかがポイントになります。新たな要素は、物理的にtree[newIdx]に格納します。新たな要素は、必ず末端に追加されるので、leftとrightは、どちらも−1です。これは、「**物理的な位置に追加する**」というコメントを付けた部分です。

新たな要素が根の場合は、それを先頭に追加すれば、それで処理は終わりです。根でない場合は、二分探索木をたどって、ポインタの更新が必要になります。これは、「**根のデータでないなら、論理的な位置にポインタを設定する**」というコメントを付けた部分です。

変数currentIdx（current index＝「現在の添え字」という意味）は、現在たどっている要素の添え字です。currentIdxに根の添え字のrootIdxを代入して、二分探索木をたどることをスタートします。論理型の変数addFlagは、初期状態をfalseにして、要素の追加が完了したらtrueを設定します。addFlagがfalseである限り、二分探索木をたどることを繰り返します。このような変数を「**フラグ**」と呼びます。旗（flag）を立てるようにして、何かを知らせるものだからです。ここでは、addFlagをtrueにすることが旗が立った状態に相当し、それによって要素の追加が完了したことを知らせます。

「data ＜ tree[currentIdx].data」という条件が真なら、新たに追加する要素がより小さいので左側にたどります。そうでないなら、同じ値は追加されないとしているので、新たに追加される要素がより大きいので右側にたどります。どちらの場合も、たどった先のポインタが−1なら末端なので、その位置に追加します。末端でないなら、ポインタを更新して、さらに先にたどります。

> **❶ ここが Point**
> 根でない場合は、二分探索木をたどって、ポインタの更新が必要になる

> **❶ ここが Point**
> 旗を立てるようにして、何かを知らせる変数を「フラグ（flag）」と呼ぶ

第6章 二分探索木への追加と探索

最後に、次に格納する要素のために、添え字newIdxを1増やしておきます。

Javaでプログラムを作って、実際の動作を確認してみましょう。以下は、先ほど擬似言語で示したプログラムをJavaで記述したものです。Javaでは、クラスの中にメソッドを記述しなければならない約束になっているので、BSTクラスとは別にBinarySearchTreeクラスがあり、BinarySearchTreeクラスの中に、二分探索木の実体となる配列tree、根の要素の添え字rootIdx、次に格納する要素の添え字newIdx、addBSTメソッド、printPhysicalBSTメソッド、およびmainメソッドを記述しています。このプログラムをBinarySearchTree.javaというファイル名で作成してください。

Java
BinarySearchTree.java

```java
// BSTクラスの定義
class BST {
  public int data;  // 要素の値
  public int left;  // 左側の要素にたどるポインタ
  public int right; // 右側の要素にたどるポインタ
}

// 二分探索木を操作するクラスの定義
public class BinarySearchTree {
  // 二分探索木の実体となる配列（要素数を最大10個とする）
  public static BST[] tree = new BST[10];

  // 根の要素の添え字（連結リストの先頭ポインタ）
  public static int rootIdx = 0;

  // 次に格納する要素の添え字
  public static int newIdx = 0;

  // 二分探索木に要素を追加するメソッド
  public static void addBST(int data) {
      int currentIdx;   // 現在たどっている要素の添え字
      boolean addFlag;  // 追加が完了したことを示すフラグ

    // 物理的な位置に追加する
    tree[newIdx].data = data;
    tree[newIdx].left = -1;
    tree[newIdx].right = -1;

    // 根のデータでないなら、論理的な位置にポインタを設定する
    if (newIdx != rootIdx) {
```

```java
      currentIdx = rootIdx;  // 根から二分探索木をたどる
      addFlag = false;       // 追加は完了していない

      do {
        // より小さい場合は、左側にたどる
        if (data < tree[currentIdx].data) {
          // 左側が末端なら、そこに追加する
          if (tree[currentIdx].left == -1) {
            tree[currentIdx].left = newIdx;
            addFlag = true;
          }
          // 左側が末端でないなら、さらに左側の要素をたどる
          else {
            currentIdx = tree[currentIdx].left;
          }
        }
        // より大きい場合は、右側にたどる（同じ値はないとする）
        else {
          // 右側が末端なら、そこに追加する
          if (tree[currentIdx].right == -1) {
            tree[currentIdx].right = newIdx;
            addFlag = true;
          }
          // 右側が末端でないなら、さらに右側の要素をたどる
          else {
            currentIdx = tree[currentIdx].right;
          }
        }
      } while (addFlag == false);
    }

    // 次に格納する要素のために添え字を1増やしておく
    newIdx++;
}

// 二分探索木の実体の配列を、物理的な順序で表示するメソッド
public static void printPhysicalBST() {
  int i;

  for (i = 0; i < newIdx; i++) {
    System.out.printf(
      "tree[%d]:data = %d, left = %d, right = %d\n",
      i, tree[i].data, tree[i].left, tree[i].right);
  }
}
```

第6章 二分探索木への追加と探索

```java
    // プログラムの実行開始位置となるmainメソッド
    public static void main(String[] args) {
      // Javaではインスタンスの生成が必要
      // （この処理は擬似言語とC言語では不要）
      for (int i = 0; i < tree.length; i++) {
        tree[i] = new BST();
      }

      // 二分探索木を構築して、物理的な順序で表示する
      addBST(4);
      addBST(6);
      addBST(5);
      addBST(2);
      addBST(3);
      addBST(7);
      addBST(1);
      printPhysicalBST();
    }
  }
```

以下に、プログラムの実行結果を示します。二分探索木の要素が、物理的な順序で表示されています。これが、論理的に二分探索木になっているかどうかは、すぐ後で行うアルゴリズムのトレースで確認します。

Javaのプログラムの実行結果

```
C:\gihyo>java BinarySearchTree
tree[0]:data = 4, left = 3, right = 1
tree[1]:data = 6, left = 2, right = 5
tree[2]:data = 5, left = -1, right = -1
tree[3]:data = 2, left = 6, right = 4
tree[4]:data = 3, left = -1, right = -1
tree[5]:data = 7, left = -1, right = -1
tree[6]:data = 1, left = -1, right = -1
```

6-1-3 アルゴリズムのトレース

先ほどのJavaプログラムの実行結果を、物理的な配列のイメージで図示すると以下のようになります。この配列が、論理的に二分探索木になっていることを確認しておきましょう。これをアルゴリズムのトレースとします。

6-1 二分探索木のデータ構造と要素の追加

物理的な配列のイメージで示した二分探索木

tree[0]	tree[1]	tree[2]	tree[3]	tree[4]	tree[5]	tree[6]
data = 4 left = 3 right = 1	data = 6 left = 2 right = 5	data = 5 left = −1 right = −1	data = 2 left = 6 right = 4	data = 3 left = −1 right = −1	data = 7 left = −1 right = −1	data = 1 left = −1 right = −1

手順 1 根の要素は、tree[0]なので、根の位置に「4」を置く

手順 2 tree[0]のleftは3なので「4」の左にtree[3]の「2」を置き、tree[0]のrightは1なので「4」の右にtree[1]の「6」を置く

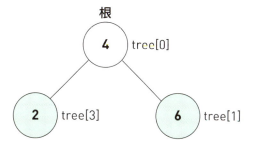

手順 3 tree[3]のleftは6なので「2」の左にtree[6]の「1」を置き、tree[3]のrightは4なので「2」の右にtree[4]の「3」を置く

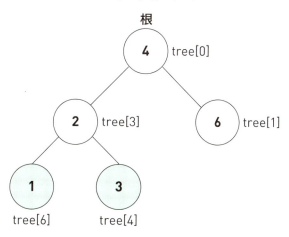

153

第 6 章 二分探索木への追加と探索

手順 4 tree[1]のleftは2なので「6」の左にtree[2]の「5」を置き、tree[1]のrightは5なので「6」の右にtree[5]の「7」を置く

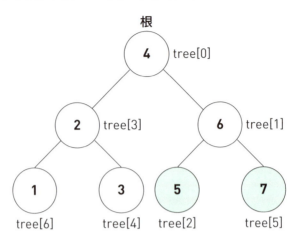

手順 5 tree[6]のleftとrightは、どちらも－1なので、この先に要素はない
手順 6 tree[4]のleftとrightは、どちらも－1なので、この先に要素はない
手順 7 tree[2]のleftとrightは、どちらも－1なので、この先に要素はない
手順 8 tree[5]のleftとrightは、どちらも－1なので、この先に要素はない

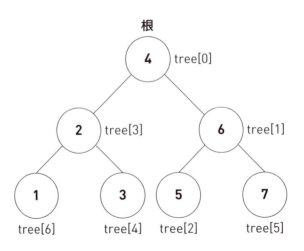

物理的な配列が、論理的に二分探索木になっていることを確認できました。

6-2 二分探索木の探索

- Point 二分探索木の深さ優先探索
- Point 二分探索木を探索するアルゴリズム
- Point 再帰呼び出しによる二分探索木の探索

6-2-1 二分探索木の深さ優先探索

　この章の前半部で作ったJavaのプログラムのprintPhysicalBSTメソッドは、二分探索木の要素を物理的な順序で表示するものでした。プログラムに、printLogicalBST(int currentIdx)という構文のメソッドを追加して、二分探索木の要素を論理的な順序で表示してみましょう。

　ただし、これまで図示してきたように、二分探索木が枝分かれしている様子をグラフィカルに表示するのは困難です。そこで、以下に示した**「深さ優先探索」**という順序で表示することにします。深さ優先探索は、二分探索木のポインタをたどっているので、論理的な順序です。

> **ここがPoint**
> 「深さ優先探索」は、二分探索木のポインタをたどっているので、論理的な順序である

深さ優先探索の順序

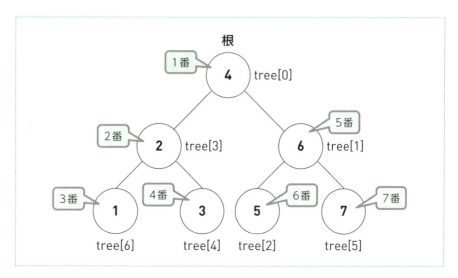

第 6 章 二分探索木への追加と探索

ここが Point

「再帰呼び出し (recursive call)」は、関数の処理の中で同じ関数を呼び出すことで、繰り返し処理を実現する

以下に、printLogicalBSTメソッドの処理内容を示します。BinarySearchTreeクラスの中で、mainメソッドの前に記述してください。ここでは、**「再帰呼び出し (recursive call)」**と呼ばれるテクニックを使っています。再帰呼び出しは、関数（Javaではメソッド）の処理の中で同じ関数を呼び出すことで、繰り返し処理を実現するものです。printLogicalBSTメソッドの処理の中で、printLogicalBSTメソッドを呼び出している部分が再帰呼び出しです。詳しくは第8章で説明しますので、再帰呼び出しというテクニックがあることを知っておいてください。

BinarySearchTreeクラスの中にあるmainメソッドには、printLogicalBSTメソッドを呼び出す処理を追加します。

Java
BinarySearchTree.java

```java
// 二分探索木を論理的な順序（深さ優先探索）で表示するメソッド
public static void printLogicalBST(int currentIdx) {
  if (currentIdx != -1) {
    System.out.printf(
    "tree[%d]：data = %d, left = %d, right = %d\n",
    currentIdx, tree[currentIdx].data, tree[currentIdx].left,
    tree[currentIdx].right);

    // この部分が再帰呼び出し
    printLogicalBST(tree[currentIdx].left);
    printLogicalBST(tree[currentIdx].right);
  }
}

// プログラムの実行開始位置となるmainメソッド
public static void main(String[] args) {
  // Javaではインスタンスの生成が必要
  // （この処理は擬似言語とC言語では不要）
  for (int i = 0; i < tree.length; i++) {
    tree[i] = new BST();
  }

  // 二分探索木を構築して、物理的な順序で表示する
  addBST(4);
  addBST(6);
  addBST(5);
  addBST(2);
  addBST(3);
  addBST(7);
  addBST(1);
  printPhysicalBST();
```

```
    // 二分探索木を論理的な順序（深さ優先探索）で表示する
    System.out.printf("----------------------------------------\n");
    printLogicalBST(rootIdx);
}
```

　以下に、プログラムの実行結果を示します。printPhysicalBSTメソッドによる物理的な表示と、printLogicalBSTメソッドによる論理的な表示の間に、区切りの線を表示しています。両者の違いに注目してください。**物理的な順序は、tree[0]→tree[1]→tree[2]→tree[3]→tree[4]→tree[5]→tree[6]ですが、論理的な順序は、tree[0]→tree[3]→tree[6]→tree[4]→tree[1]→tree[2]→tree[5]に**なっています。

Javaのプログラムの実行結果

```
C:\gihyo>java BinarySearchTree
tree[0]:data = 4, left = 3, right = 1
tree[1]:data = 6, left = 2, right = 5
tree[2]:data = 5, left = -1, right = -1
tree[3]:data = 2, left = 6, right = 4
tree[4]:data = 3, left = -1, right = -1
tree[5]:data = 7, left = -1, right = -1
tree[6]:data = 1, left = -1, right = -1
----------------------------------------
tree[0]:data = 4, left = 3, right = 1
tree[3]:data = 2, left = 6, right = 4
tree[6]:data = 1, left = -1, right = -1
tree[4]:data = 3, left = -1, right = -1
tree[1]:data = 6, left = 2, right = 5
tree[2]:data = 5, left = -1, right = -1
tree[5]:data = 7, left = -1, right = -1
```

6-2-2　二分探索木から要素を探索するアルゴリズム

　先ほど説明した深さ優先探索は、二分探索木を深くたどることを優先して、すべての要素をたどるものでした。二分探索木から特定の要素だけを探索する場合は、この章の前半部で手順をトレースしたアルゴリズムを使います。これまでのプログラムに、引数xと同じ値を二分探索木から探索する関数（Javaではメソッ

第 6 章　二分探索木への追加と探索

ド）を追加してみましょう。関数の構文は、**整数型：searchBST(整数型：x)** にします。引数xと同じ値が見つかった場合は、戻り値として要素の添え字を返します。見つからない場合は、添え字としてあり得ない値である－1を返します。

searchBST関数のアルゴリズムを言葉で説明すると以下のようになります。この手順を見ると、tree[currentIdx].dataとxを比較し、その結果に応じて処理を3つに分け、枝分かれした一方をたどっていくことが、第3章で説明した二分探索の手順に似ていると感じるでしょう。**二分探索木は、二分探索のアルゴリズムをデータ構造で実現するもの**だからです。

> **ここがPoint**
> 二分探索木は、二分探索のアルゴリズムをデータ構造で実現するものである

- idxに仮の結果として－1を設定する
- currentIdxにrootIdxを設定する
- currentIdxが－1でない限り以下を繰り返す
    - (1) tree[currentIdx].data ＝ xならidxにcurrentIdxを設定して繰り返しを終了する
    - (2) tree[currentIdx].data ＞ xならcurrentIdxにtree[currentIdx].leftを設定する
    - (3) どちらでもないなら (tree[currentIdx].data ＜ xなら) currentIdxにtree[currentIdx].rightを設定する
- 戻り値としてidxの値を返す

以下は、擬似言語で記述したsearchBST関数です。main関数には、searchBST関数を呼び出す処理を追加する必要がありますが、ここでは説明を省略します。すぐ後で示すJavaのプログラムで、mainメソッドに追加する処理を説明します。

擬似言語

```
/* 二分探索木を探索する関数（ここから）*/
○整数型：searchBST(整数型：x)
○整数型：idx          /* 見つかった要素の添え字 */
○整数型：currentIdx   /* 現在たどっている要素の添え字 */
・idx ← －1
・currentIdx ← rootIdx
■ currentIdx ≠ －1
  ▲ tree[currentIdx].data = x
    ・idx = currentIdx
    ・break /* 繰り返しを終了する */
```

```
          tree[currentIdx].data > x
         ・currentIdx ← tree[currentIdx].left

       ・currentIdx ← tree[currentIdx].right



・return idx /* 戻り値を返す */
/* 二分探索木を探索する関数（ここまで）*/
```

　以下は、擬似言語で記述したsearchBST関数と同じ機能のsearchBSTメソッドをJavaで記述したものです。mainメソッドには、引数を「5」および「8」としてsearchBSTメソッドを呼び出し、それぞれの戻り値を画面に表示する処理を追加します。printPhysicalBSTメソッドを呼び出す処理と、printLogicalBSTメソッドを呼び出す処理は、コメントアウトします。

Java
BinarySearchTree.java

```java
// 二分探索木を探索するメソッド
public static int searchBST(int x) {
  int idx;         // 見つかった要素の添え字
  int currentIdx;  // 現在たどっている要素の添え字

  idx = -1;
  currentIdx = rootIdx;
  while (currentIdx != -1) {
    if (tree[currentIdx].data == x) {
      idx = currentIdx;
      break;
    }
    else if (tree[currentIdx].data > x) {
      currentIdx = tree[currentIdx].left;
    }
    else {
      currentIdx = tree[currentIdx].right;
    }
  }

  return idx;
}

// プログラムの実行開始位置となるmainメソッド
public static void main(String[] args) {
```

第 6 章 二分探索木への追加と探索

```java
    // Javaではインスタンスの生成が必要
    // （この処理は擬似言語とC言語では不要）
    for (int i = 0; i < tree.length; i++) {
      tree[i] = new BST();
    }

    // 二分探索木を構築して、物理的な順序で表示する
    addBST(4);
    addBST(6);
    addBST(5);
    addBST(2);
    addBST(3);
    addBST(7);
    addBST(1);
    // printPhysicalBST();
    // 二分探索木を論理的な順序（深さ優先探索）で表示する
    // System.out.printf("---------------------------------------\n");
    // printLogicalBST(rootIdx);

    // 二分探索木を探索する
    System.out.printf("「5」の探索結果 = %d\n", searchBST(5));
    System.out.printf("「8」の探索結果 = %d\n", searchBST(8));
  }
```

　以下は、Javaのプログラムの実行結果です。「5」を探索すると、tree[2].dataと同じ値なので「2」が返されます。「8」を探索すると、二分探索木の要素に存在しない値なので「-1」が返されます。どちらも正しい探索結果です。

Javaのプログラムの実行結果

```
C:\gihyo>java BinarySearchTree
「5」の探索結果 = 2
「8」の探索結果 = -1
```

6-2-3 再帰呼び出しによる二分探索木の探索

> **ここがPoint**
> 再帰呼び出しを使うと、通常の繰り返しを使った場合より、プログラムをスマートに記述できる場合がある

　先ほどJavaで作成したsearchBSTメソッドは、メソッドの中で同じメソッドを呼び出すことで繰り返しを実現する再帰呼び出しのテクニックを使っても記述できます。再帰呼び出しを使うと、通常の繰り返しを使った場合より、プログラムをスマートに記述できる場合があります。ここでスマートとは、「短く」「無駄

なく」「効率的に」という意味です。

以下は、再帰呼び出しで引数xと同じ値を見つけるsearchRecBSTメソッドです。Recは、recursive callを意味しています。searchBSTメソッドの引数は探索する値のxだけでしたが、searchRecBSTメソッドには、xだけでなく、現在の探索位置を示すcurrentIdxがあります。currentIdxの値を変更しながら、searchRecBSTメソッドの処理の中でsearchRecBSTメソッドを呼び出すことで、再帰呼び出しによる繰り返しが適切に機能します。mainメソッドには、searchRecBSTメソッドで「5」および「8」を探索する処理を追加しています。

Java
BinarySearchTree.java

```java
// 再帰呼び出しで二分探索木を探索するメソッド
public static int searchRecBST(int x, int currentIdx) {
  if (currentIdx == -1) {
    return -1;
  }
  else {
    if (tree[currentIdx].data == x) {
      return currentIdx;
    }
    else if (tree[currentIdx].data > x) {
      // 再帰呼び出し
      return searchRecBST(x, tree[currentIdx].left);
    }
    else {
      // 再帰呼び出し
      return searchRecBST(x, tree[currentIdx].right);
    }
  }
}

// プログラムの実行開始位置となるmainメソッド
public static void main(String[] args) {
  // Javaではインスタンスの生成が必要
  // （この処理は擬似言語とC言語では不要）
  for (int i = 0; i < tree.length; i++) {
    tree[i] = new BST();
  }

  // 二分探索木を構築して、物理的な順序で表示する
  addBST(4);
  addBST(6);
  addBST(5);
  addBST(2);
```

第6章 二分探索木への追加と探索

```
    addBST(3);
    addBST(7);
    addBST(1);
    // printPhysicalBST();

    // 二分探索木を論理的な順序（深さ優先探索）で表示する
    // System.out.printf("----------------------------------------\n");
    // printLogicalBST(rootIdx);

    // 二分探索木を探索する
    System.out.printf("「5」の探索結果 = %d\n", searchBST(5));
    System.out.printf("「8」の探索結果 = %d\n", searchBST(8));

    // 再帰呼び出しで二分探索木を探索する
    System.out.printf("----------------------------------------\n");
    System.out.printf("「5」の探索結果 = %d\n",
        searchRecBST(5, rootIdx));
    System.out.printf("「8」の探索結果 = %d\n",
        searchRecBST(8, rootIdx));
}
```

　以下に、プログラムの実行結果を示します。線で区切られた上側が、通常の繰り返しを使ったsearchBSTメソッドの処理結果で、下側が再帰呼び出しを使ったsearchRecBSTメソッドの処理結果です。どちらも正しい探索結果です。

Javaのプログラムの実行結果

```
C:\gihyo>java BinarySearchTree
「5」の探索結果 = 2
「8」の探索結果 = -1
----------------------------------------
「5」の探索結果 = 2
「8」の探索結果 = -1
```

　それでは、プログラムの長さはどうでしょう。コメントの行と空の行を除くと、searchBSTメソッドは19行で、searchRecBSTメソッドは16行です。再帰呼び出しを使ったsearchRecBSTメソッドの方が、3行（約16％）も短く記述できています。これが、スマートということです。

確認問題

Q1 以下の説明が正しければ○を、正しくなければ×を付けてください。

(1) 二分探索木の1つの要素は、ポインタを2つ持っている
(2) 二分探索木の大元の要素を節と呼ぶ
(3) 二分探索木は、ソートを効率的に行えるデータ構造である
(4) 二分探索木に追加された要素は、木の末端に置かれる
(5) 二分探索木のすべての要素を論理的にたどるアルゴリズムの一種として、深さ優先探索がある

Q2 以下は、二分探索木からxと同じ値を探索し、見つかったら要素の添え字を返し、見つからなかったら−1を返すsearchBST関数を擬似言語で記述したものです。その他の変数の役割は、この章の中で作成したプログラムと同じであるとします。空欄に適切な語句や演算子を記入してください。

```
○整数型：searchBST(整数型：x)
○整数型：idx
○整数型：currentIdx
・idx ← −1
・currentIdx ← [  (1)  ]
■ currentIdx ≠ −1
 ▲ tree[currentIdx].data = x
  ・idx = currentIdx
  ・break
 ▲ tree[currentIdx].data > x
  ・currentIdx ← [  (2)  ]
 
  ・currentIdx ← [  (3)  ]

・return idx
```

COLUMN

ヒープとヒープソート

　この章で説明した二分探索木は、探索（サーチ）を効率的に行う木でしたが、ソートを効率的に行う「ヒープ」と呼ばれる木もあります。以下にヒープの例を示します。左右は関係なく、上にある要素が下にある要素より小さい、というルールで要素をつなぎます。

ヒープの例

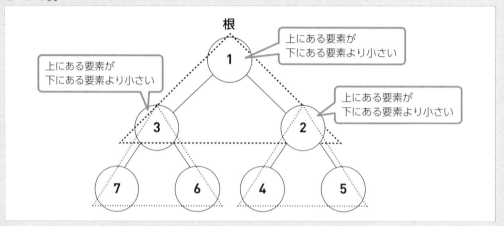

　ヒープ（heap）は、「堆積物」という意味です。見た目は、二分探索木と同様の木の形状をしていますが、意味的には堆積物なのです。海の底の堆積物のように、下には大きな岩があり、その上には中くらいの石があり、さらにその上には小さな砂がある、という順に積み重ねられています。

　左右に関係なく上にある要素が下にある要素より小さいのですから、ヒープの根（一番上）にある「1」は最小値です。「1」を取り出し、空いた位置に、その下にある要素の小さい方の「2」を上げます。空いた位置に、その下にある要素の小さい方の「4」を上げます。これによって、残りの要素でヒープを再構築できます。以下同様に、「根にある最小値を取り出す」「ヒープを再構築する」という手順を繰り返せば、「1」「2」「3」「4」「5」「6」「7」の順に要素を取り出せ、昇順のソートができます。これを「ヒープソート」と呼びます。

　ヒープソートの計算量は、第8章で説明する、効率的なクイックソートと同じ$O(\log_2 N \times N)$です。ただし、ヒープソートは1つひとつの処理が複雑なので、一般的には、クイックソートの方がよく使われます。

第7章

ハッシュ表探索法

ハッシュ表探索法は、ハッシュ表と呼ばれるデータ構造を使った探索アルゴリズムであり、計算量が理想的にO(1)になります。O(1)とは、データ数にかかわらず1回の処理で目的のデータが見つかるということです。これまでの章で説明した連結リストや二分探索木と同様に、ハッシュ表の実体も配列です。配列にデータを格納するときに、あらかじめ用意しておいたハッシュ関数で得たハッシュ値を、格納場所の添え字にするのがハッシュ法のポイントです。これによって、データが1回の処理で見つかります。「理想的」と断っているのは、同じハッシュ値になってしまうデータがある場合は、格納場所の添え字を変えなければならず、1回の処理では見つからないからです。このようなデータをシノニムと呼びます。この章では、ハッシュ表探索法の仕組みと、シノニムに対処する方法を説明します。

7-1 ハッシュ表探索法の仕組み

- Point ハッシュ関数とハッシュ値
- Point データが1回の処理で見つかる理由

7-1-1 ハッシュ表探索法のアルゴリズム

ここがPoint
ハッシュ表の実体は配列だが、データを格納するときにルールを決めておく

ここがPoint
ハッシュ関数で得られる値を「ハッシュ値」と呼ぶ

「**ハッシュ表探索法**」は、「**ハッシュ表**」と呼ばれるデータ構造を使ってサーチを行うアルゴリズムです。ハッシュ表の実体は配列ですが、データを格納するときにルールを決めておきます。あらかじめ用意された「**ハッシュ関数**」と呼ばれる計算式で得られた値を添え字とした要素に格納するのです。ハッシュ関数で得られる値を「**ハッシュ値**」と呼びます。

ここでは、例として、37、51、79という3つのデータを、要素数10個の配列hashTable[0]～hashTable[9]に格納します。この配列が、ハッシュ表の実体です。ここでは、ハッシュ関数で「データの値を10で割った余り」を計算して、それをハッシュ値にします。割り算の余りは、%演算子で求めます。

> ハッシュ値 = データの値 % 10

10で割った余りは、必ず0～9になるので、配列hashTable[0]～hashTable[9]の添え字の範囲にぴったり収まります。たとえば、37というデータのハッシュ値は、37 % 10 = 7なので、37はhashTable[7]に格納します。ハッシュ表にデータを格納するときのアルゴリズムは以下となります。

> ① データのハッシュ値を求める
> ② hashTable[ハッシュ値]にデータを格納する

7-1 ハッシュ表探索法の仕組み

> **ここがPoint**
> ハッシュ表探索法の計算量は、理想的にはO(1)になる

このハッシュ表を探索するときのアルゴリズムは以下になります。1回の処理で目的のデータが見つかるので、ハッシュ表探索法の計算量は、理想的にはO(1)になります。これは、データ数に関係なく、繰り返し処理を行わずに1回の処理でデータが見つかるという意味です。

① データのハッシュ値を求める
② hashTable[ハッシュ値]を読み出す

> **ここがPoint**
> 同じハッシュ値になるデータを「シノニム」と呼ぶ

ここで、理想的と断っているのは、同じハッシュ値になるデータがある場合は、1回の処理では見つからないからです。このようなデータを**「シノニム (synonym＝同意語、類義語)」**と呼びます。シノニムに対処する方法は、この章の後半部で説明します。前半部では、シノニムが発生しないデータだけでハッシュ表探索法をやってみます。

まず、ハッシュ関数を作りましょう。以下は、擬似言語で記述したハッシュ関数hashFuncです。整数型の引数dataには、ハッシュ表に格納するデータを設定します。ハッシュ関数hashFuncは、戻り値としてハッシュ値を返します。

擬似言語

```
/* ハッシュ関数（ここから）*/
○整数型：hashFunc(整数型：data)
・return data % 10
/* ハッシュ関数（ここまで）*/
```

今度は、ハッシュ表へのデータの格納とサーチを行うmain関数を作ってみましょう。以下に擬似言語のプログラムを示します。ハッシュ表に格納するデータは、キー入力で指定します。ハッシュ表からサーチするデータも、キー入力で指定します。

繰り返しを示す■の後にある条件がtrueになっていることに注目してください。この条件だけでは、永遠に繰り返しが継続されてしまいますが、キー入力されたデータがマイナスなら、breakで繰り返しを中断するようにしています。ハッシュ表の実体となる配列hashTableは、関数の外で宣言し、すべての要素を−1で初期化しています。このプログラムでは、マイナスのデータを受け付けないことにするので、−1をデータが格納されていない目印にできます。

第 7 章 ハッシュ表探索法

擬似言語

```
/* ハッシュ表の実体となる配列（要素数を10個とする）*/
○整数型：hashTable[10] = { -1, -1, -1, -1, -1, -1, -1, -1, -1, -1 }

/* プログラムの実行開始位置となるmain関数（ここから）*/
○main
○整数型：data, hashValue
/* データをキー入力してハッシュ表に格納する */

■
  /* 格納するデータを入力する */
  ・data ← キー入力されたデータ
  /* マイナスの値が入力されたらデータの格納を終了する */
  ▲ data ＜ 0
    ・break
  ▼

  /* ハッシュ値を求める */
  ・hashValue ← hashFunc(data)
  /* ハッシュ表に格納する */
  ・hashTable[hashValue] ← data
■ true
/* ハッシュ表からデータをサーチする */

■
  /* サーチするデータをキー入力する */
  ・data ← キー入力されたデータ
  /* マイナスの値が入力されたらデータのサーチを終了する */
  ▲ data ＜ 0
    ・break
  ▼

  /* ハッシュ値を求める */
  ・hashValue ← hashFunc(data)
  /* サーチした結果を表示する */
  ▲ hashTable[hashValue] = data
    ・「hashValue番目に見つかりました。」と表示する
  ─
    ・「見つかりません。」と表示する
  ▼
■ true
/* プログラムの実行開始位置となるmain関数（ここまで）*/
```

　以下は、ハッシュ表へのデータの格納とサーチを行うJavaのプログラムです。HashTableSearch.javaというファイル名で作成してください。

Java
HashTableSearch.
java

```java
import java.util.Scanner;

public class HashTableSearch {
  // ハッシュ表の実体となる配列（要素数を10個とする）
  public static int[] hashTable =
  { -1, -1, -1, -1, -1, -1, -1, -1, -1, -1 };

  // ハッシュ関数（メソッド）
  public static int hashFunc(int data) {
    return data % 10;
  }

  // プログラムの実行開始位置となるmainメソッド
  public static void main(String[] args) {
    int data, hashValue;

    // データをキー入力してハッシュ表に格納する
    Scanner scn = new Scanner(System.in);
    do {
      // 格納するデータを入力する
      System.out.printf("\n格納するデータ = ");
      data = scn.nextInt();

      // マイナスの値が入力されたらデータの格納を終了する
      if (data < 0) {
        break;
      }

      // ハッシュ値を求める
      hashValue = hashFunc(data);

      // ハッシュ表に格納する
      hashTable[hashValue] = data;
    } while (true);

    // ハッシュ表からデータをサーチする
    do {
      // サーチするデータをキー入力する
      System.out.printf("\nサーチするデータ = ");
      data = scn.nextInt();

      // マイナスの値が入力されたらデータのサーチを終了する
      if (data < 0) {
        break;
      }
```

```
      // ハッシュ値を求める
      hashValue = hashFunc(data);

      // サーチした結果を表示する
      if (hashTable[hashValue] == data) {
        System.out.printf("%d番目に見つかりました。¥n", hashValue);
      }
      else {
        System.out.printf("見つかりません。¥n");
      }
    } while (true);
  }
}
```

　以下に、プログラムの実行結果の例を示します。ここでは、37、51、79という3つのデータをハッシュ表に格納しました。37、51、79をサーチすると、「7番目に見つかりました。」「1番目に見つかりました。」「9番目に見つかりました。」と表示されます。37、51、79のハッシュ値は、それぞれ7、1、9だからです。99をサーチすると「見つかりません。」と表示されます。99のハッシュ値は9ですが、hashTable[9]には99が格納されていないからです。

Javaのプログラムの実行結果の例

```
C:¥gihyo>java HashTableSearch

格納するデータ = 37

格納するデータ = 51

格納するデータ = 79

格納するデータ = -1

サーチするデータ = 37
7番目に見つかりました。

サーチするデータ = 51
1番目に見つかりました。

サーチするデータ = 79
9番目に見つかりました。

サーチするデータ = 99
```

7-1 ハッシュ表探索法の仕組み

```
見つかりません。

サーチするデータ = -1
```

> **Quiz** なぜハッシュと呼ぶのか？
>
> 「ハッシュ (hash)」という言葉は、英語の一般用語です。日本語に訳すと何でしょう。どうして、このアルゴリズムをハッシュと呼ぶのでしょう。
>
> 解答は **282ページ** にあります。

7-1-2 アルゴリズムのトレース

先ほどのJavaのプログラムの実行結果と同じデータで、ハッシュ表にデータを格納する処理と、ハッシュ表からデータをサーチする処理をトレースしてみましょう。とてもシンプルなアルゴリズムですが、**ハッシュ関数で得られたハッシュ値が、データの格納位置になり、さらにデータのサーチ位置にもなる**、というイメージをつかんでください。そのイメージがあれば、シノニムに対処する方法を理解しやすくなるからです。

ここが Point
ハッシュ関数で得られたハッシュ値が、データの格納位置になり、さらにデータのサーチ位置にもなる

手順 1 37を格納するために、37のハッシュ値を求める

$$ハッシュ値 = 37 \% 10 = 7$$

手順 2 hashTable[7]に37を格納する

hashTable[0]	[1]	[2]	[3]	[4]	[5]	[6]	[7]	[8]	[9]
-1	-1	-1	-1	-1	-1	-1	37	-1	-1

手順 3 51を格納するために、51のハッシュ値を求める

$$ハッシュ値 = 51 \% 10 = 1$$

171

第7章 ハッシュ表探索法

手順 4 hashTable[1]に51を格納する

hashTable[0]	[1]	[2]	[3]	[4]	[5]	[6]	[7]	[8]	[9]
-1	51	-1	-1	-1	-1	-1	37	-1	-1

手順 5 79を格納するために、79のハッシュ値を求める

$$\text{ハッシュ値} = 79 \% 10 = 9$$

手順 6 hashTable[9]に79を格納する

hashTable[0]	[1]	[2]	[3]	[4]	[5]	[6]	[7]	[8]	[9]
-1	51	-1	-1	-1	-1	-1	37	-1	79

手順 7 37をサーチするために、37のハッシュ値を求める

$$\text{ハッシュ値} = 37 \% 10 = 7$$

手順 8 hashTable[7]の値は37なので、見つかった位置を表示する

hashTable[0]	[1]	[2]	[3]	[4]	[5]	[6]	[7]	[8]	[9]
-1	51	-1	-1	-1	-1	-1	37	-1	79

「7番目に見つかりました。」と表示する

手順 9 51をサーチするために、51のハッシュ値を求める

$$\text{ハッシュ値} = 51 \% 10 = 1$$

手順 10 hashTable[1]の値は51なので、見つかった位置を表示する

hashTable[0]	[1]	[2]	[3]	[4]	[5]	[6]	[7]	[8]	[9]
-1	51	-1	-1	-1	-1	-1	37	-1	79

「1番目に見つかりました。」と表示する

手順 11 79をサーチするために、79のハッシュ値を求める

$$\text{ハッシュ値} = 79 \% 10 = 9$$

手順 12 hashTable[9]の値は79なので、見つかった位置を表示する

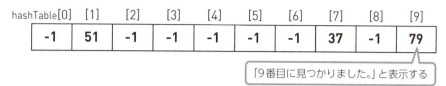

「9番目に見つかりました。」と表示する

手順 13 99をサーチするために、99のハッシュ値を求める

ハッシュ値 ＝ 99 ％ 10 ＝ 9

手順 14 hashTable[9]の値は99ではないので、「見つかりません。」と表示する

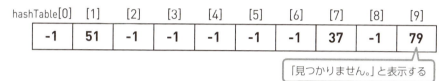

「見つかりません。」と表示する

7-1-3　Javaによるアルゴリズムのトレース

　以下に、トレースのためのコードを追加したプログラムを示します。HashTableSearchTrace.javaというファイル名で作成してください。"ハッシュ値 = %d %% 10 = %d¥n" の %% は、画面に文字として%を表示することを意味します。

Java
HashTableSearchTrace.java

```
import java.util.Scanner;

public class HashTableSearchTrace {
  // ハッシュ表の実体となる配列（要素数を10個とする）
  public static int[] hashTable =
  { -1, -1, -1, -1, -1, -1, -1, -1, -1, -1 };

  // ハッシュ関数（メソッド）
  public static int hashFunc(int data) {
    return data % 10;
  }

  // プログラムの実行開始位置となるmainメソッド
  public static void main(String[] args) {
```

```java
      int data, hashValue;

      // データをキー入力してハッシュ表に格納する
      Scanner scn = new Scanner(System.in);
      do {
        // 格納するデータを入力する
        System.out.printf("\n格納するデータ = ");
        data = scn.nextInt();

        // マイナスの値が入力されたらデータの格納を終了する
        if (data < 0) {
          break;
        }

        // ハッシュ値を求める
        hashValue = hashFunc(data);
        System.out.printf("ハッシュ値 = %d %% 10 = %d\n", data, hashValue);

        // ハッシュ表に格納する
        hashTable[hashValue] = data;
        System.out.printf("hashTable[%d]に%dを格納する。\n",
        hashValue, data);
      } while (true);

      // ハッシュ表からデータをサーチする
      do {
        // サーチするデータをキー入力する
        System.out.printf("\nサーチするデータ = ");
        data = scn.nextInt();

        // マイナスの値が入力されたらデータのサーチを終了する
        if (data < 0) {
          break;
        }

        // ハッシュ値を求める
        hashValue = hashFunc(data);
        System.out.printf("ハッシュ値 = %d %% 10 = %d\n", data, hashValue);

        // サーチした結果を表示する
        if (hashTable[hashValue] == data) {
          System.out.printf(
          "hashTable[%d]の値は%dなので、見つかった位置を表示する。\n",
          hashValue, data);
          System.out.printf("%d番目に見つかりました。\n", hashValue);
        }
```

```
      else {
        System.out.printf(
          "hashTable[%d]の値は%dではないので、「見つかりません。」と表示する。¥n",
          hashValue, data);
        System.out.printf("見つかりません。¥n");
      }
    } while (true);
  }
}
```

　以下に、プログラムの実行結果の例を示します。先ほど手作業で行ったトレースと同じ手順で処理が行われていることを確認できました。

Javaのプログラムの実行結果の例

```
C:¥gihyo>java HashTableSearchTrace

格納するデータ = 37
ハッシュ値 = 37 % 10 = 7
hashTable[7]に37を格納する。

格納するデータ = 51
ハッシュ値 = 51 % 10 = 1
hashTable[1]に51を格納する。

格納するデータ = 79
ハッシュ値 = 79 % 10 = 9
hashTable[9]に79を格納する。

格納するデータ = -1

サーチするデータ = 37
ハッシュ値 = 37 % 10 = 7
hashTable[7]の値は37なので、見つかった位置を表示する。
7番目に見つかりました。

サーチするデータ = 51
ハッシュ値 = 51 % 10 = 1
hashTable[1]の値は51なので、見つかった位置を表示する。
1番目に見つかりました。

サーチするデータ = 79
ハッシュ値 = 79 % 10 = 9
hashTable[9]の値は79なので、見つかった位置を表示する。
9番目に見つかりました。

サーチするデータ = 99
ハッシュ値 = 99 % 10 = 9
hashTable[9]の値は99ではないので、「見つかりません。」と表示する。
見つかりません。

サーチするデータ = -1
```

7-2 シノニムに対処する方法

Point シノニムが生じる理由
Point シノニムが生じた場合の処理

7-2-1 シノニムに対応するためのアルゴリズム

　繰り返しになりますが、ハッシュ表探索法の計算量は、理想的にはO(1)です。これは、データ数にかかわらず1回の処理で目的のデータが見つかるという意味です。ただし、シノニム（ハッシュ値が同じになるデータ）が生じた場合は、1回の処理では見つかりません。例として、先ほどの37、51、79の3つのデータに続けて、28と48という2つのデータをハッシュ表に格納してみましょう。

　28のハッシュ値は、28 ％ 10 ＝ 8なので、hashTable[8]に格納します。48のハッシュ値は、48 ％ 10 ＝ 8なので、同じくhashTable[8]に格納することになります。しかし、hashTable[8]には、すでに28が入っています。もしも、このままhashTable[8]に48を格納したら、28が消えてしまいます。この28と48のように、ハッシュ値が同じになってしまうデータがシノニムです。**ハッシュ表探索法では、シノニムに対処する方法を考えておかなければなりません。**

　ここでは、以下のアルゴリズムで、データの格納におけるシノニムに対処することにします。シノニムかどうかは、ハッシュ値を添え字とした要素の値が－1でないこと（すでにデータが格納されていること）で判断できます。データが格納されていない要素は、－1で初期化されているからです。

> **ここがPoint**
> シノニムが生じた場合は、1回の処理ではデータが見つからない

> **ここがPoint**
> ハッシュ表探索法では、シノニムに対処する方法を考えておかねばならない

7-2 シノニムに対処する方法

① ハッシュ値を求める
② hashTable[ハッシュ値] が−1でない場合は、1つ先の要素に格納する
③ 末尾を超えた場合は、先頭の要素に戻る
④ ハッシュ値の位置まで戻った場合は、「ハッシュ表が一杯です。」と表示する

> **ここがPoint**
> データの格納だけでなく、データのサーチでもシノニムに対処する必要がある

データの格納だけでなく、データのサーチでもシノニムに対処する必要があります。たとえば、シノニムに対処したアルゴリズムで、37、51、79、28、48の順にハッシュ表にデータが格納されているとしましょう。48を検索する場合、48のハッシュ値のhashTable[8]には28が格納されています。したがって、hashTable[8]をチェックするだけでは、48が見つからないという結果になってしまいます。実際には、48は別の要素に格納されているので見つかるはずです。

そこで、先ほどのデータの格納におけるアルゴリズムに合わせて、以下のアルゴリズムで、データのサーチにおけるシノニムに対処することにします。**このアルゴリズムは、線形探索を応用したもの**です。

① サーチするデータのハッシュ値を求める
② ハッシュ値の位置にあるデータが−1でなく、かつ、目的のデータと異なる場合は、1つ先の要素をサーチする。末尾を超えた場合は、先頭の要素に戻る
③ サーチするデータが見つかった場合は、見つかった位置を表示する
④ −1を見つけるか、または、サーチを開始した位置まで戻った場合は「見つかりません。」と表示する

以下は、ハッシュ表へのデータの格納とサーチを行う擬似言語のプログラムを、シノニムに対処して改造したものです。先ほど文章で示したアルゴリズムとプログラムの内容を照らし合わせれば、内容を理解できるでしょう。

擬似言語

```
/* ハッシュ表の実体となる配列（要素数を10個とする）*/
○整数型：hashTable[10] = { -1, -1, -1, -1, -1, -1, -1, -1, -1, -1 }

/* ハッシュ関数（ここから）*/
○整数型：hashFunc(整数型：data)
・return data % 10
/* ハッシュ関数（ここまで）*/

/* プログラムの実行開始位置となるmain関数（ここから）*/
○main
```

第 7 章　ハッシュ表探索法

```
○整数型：data, hashValue
○整数型：pos  /* 格納位置、探索位置 */
/* データをキー入力してハッシュ表に格納する */

■
│  /* 格納するデータを入力する */
│  ・data ← キー入力されたデータ
│  /* マイナスの値が入力されたらデータの格納を終了する */
│  ▲ data ＜ 0
│  │  ・break
│  ▼
│
│  /* ハッシュ値を求める */
│  ・hashValue ← hashFunc(data)
│  /* データの格納位置を決める */
│  ・pos ← hashValue
│   ■ hashTable[pos] ≠ －1
│   │ /* 格納位置を1つ先に進める */
│   │ ・pos ← pos ＋ 1
│   │ /* 末尾を超えたら先頭に戻す */
│   │ ▲ pos ≧ 10
│   │ │ ・pos ← 0
│   │ ▼
│   │
│   │ /* ハッシュ値の位置まで戻ったら、*/
│   │ /* ハッシュ表が一杯なので、繰り返しを終了する */
│   │ ▲ pos ＝ hashValue
│   │ │ ・break
│   │ ▼
│
│   ■
│   ▲ hashTable[pos] ＝ －1
│   │ /* ハッシュ表が一杯でなければ、データを格納する */
│   │ ・hashTable[pos] ← data
│   ┣━━━
│   │ ・「ハッシュ表が一杯です。」と表示する
│   ▼
■ true
/* ハッシュ表からデータをサーチする */

│  /* サーチするデータをキー入力する */
│  ・data ← キー入力されたデータ
│  /* マイナスの値が入力されたらデータのサーチを終了する */
│  ▲ data ＜ 0
│  │ ・break
│  ▼
│
│  /* ハッシュ値を求める */
│  ・hashValue ← hashFunc(data)
│  /* データをサーチする */
│  ・pos ← hashValue
```

7-2 シノニムに対処する方法

```
■ hashTable[pos] ≠ -1 and hashTable[pos] ≠ data
    /* 探索位置を1つ先に進める */
    ・pos ← pos ＋ 1
    /* 末尾を超えたら先頭に戻す */
    ▲ pos ≧ 10
      ・pos ← 0

    /* －1を見つけるか、または、ハッシュ値の位置まで戻ったら、*/
    /* データが見つからないことが確定なので、繰り返しを終了する */
    ▲ hashTable[pos] ＝ －1 or pos ＝ hashValue
      ・break

■
/* サーチした結果を表示する */
▲ hashTable[pos] ＝ data
  ・「pos番目に見つかりました。」と表示する

  ・「見つかりません。」と表示する

■ true
/* プログラムの実行開始位置となるmain関数（ここまで）*/
```

以下は、シノニムに対処して改造したJavaのプログラムです。HashTableSearchSyn.javaというファイル名で作成してください。ファイル名末尾のSynは、synonymという意味です。

Java
HashTableSearchSyn.java

```java
import java.util.Scanner;

public class HashTableSearchSyn {
  // ハッシュ表の実体となる配列（要素数を10個とする）
  public static int[] hashTable =
  { -1, -1, -1, -1, -1, -1, -1, -1, -1, -1 };

  // ハッシュ関数（メソッド）
  public static int hashFunc(int data) {
    return data % 10;
  }

  // プログラムの実行開始位置となるmainメソッド
  public static void main(String[] args) {
    int data, hashValue;
    int pos; // 格納位置、探索位置
```

```java
// データをキー入力してハッシュ表に格納する
Scanner scn = new Scanner(System.in);
do {
  // 格納するデータを入力する
  System.out.printf("\n格納するデータ = ");
  data = scn.nextInt();

  // マイナスの値が入力されたらデータの格納を終了する
  if (data < 0) {
    break;
  }

  // ハッシュ値を求める
  hashValue = hashFunc(data);

  // データの格納位置を決める
  pos = hashValue;
  while (hashTable[pos] != -1) {
    // 格納位置を1つ先に進める
    pos++;

    // 末尾を超えたら先頭に戻す
    if (pos >= hashTable.length) {
      pos = 0;
    }

    // ハッシュ値の位置まで戻ったら、
    // ハッシュ表が一杯なので、繰り返しを終了する
    if (pos == hashValue) {
      break;
    }
  }

  if (hashTable[pos] == -1) {
    // ハッシュ表が一杯でなければ、データを格納する
    hashTable[pos] = data;
  }
  else {
    // 「ハッシュ表が一杯です。」と表示する
    System.out.printf("ハッシュ表が一杯です。\n");
  }
} while (true);

// ハッシュ表からデータをサーチする
do {
  // サーチするデータをキー入力する
```

```java
        System.out.printf("¥nサーチするデータ = ");
        data = scn.nextInt();

        // マイナスの値が入力されたらデータのサーチを終了する
        if (data < 0) {
          break;
        }

        // ハッシュ値を求める
        hashValue = hashFunc(data);

        // データをサーチする
        pos = hashValue;
        while (hashTable[pos] != -1 && hashTable[pos] != data) {
          // 探索位置を1つ先に進める
          pos++;

          // 末尾を超えたら先頭に戻す
          if (pos >= hashTable.length) {
            pos = 0;
          }

          // －1を見つけるか、または、ハッシュ値の位置まで戻ったら、
          // データが見つからないことが確定なので、繰り返しを終了する
          if (hashTable[pos] == -1 || pos == hashValue) {
            break;
          }
        }

        // サーチした結果を表示する
        if (hashTable[pos] == data) {
          System.out.printf("%d番目に見つかりました。¥n", pos);
        }
        else {
          System.out.printf("見つかりません。¥n");
        }
      } while (true);
  }
}
```

　以下に、プログラムの実行結果の例を示します。48のハッシュ値は8ですが、8番目ではなく0番目に見つかっていることに注目してください。hashTable[8]と次のhashTable[9]には、別のデータが入っていたので、ハッシュ表の末尾から先頭に戻って、48はhashTable[0]に格納されたのです。

第7章 ハッシュ表探索法

Javaのプログラムの実行結果の例

```
C:\gihyo>java HashTableSearchSyn
格納するデータ ＝ 37
格納するデータ ＝ 51
格納するデータ ＝ 79
格納するデータ ＝ 28
格納するデータ ＝ 48
格納するデータ ＝ -1
サーチするデータ ＝ 37
7番目に見つかりました。
サーチするデータ ＝ 51
1番目に見つかりました。
サーチするデータ ＝ 79
9番目に見つかりました。
サーチするデータ ＝ 28
8番目に見つかりました。
サーチするデータ ＝ 48
0番目に見つかりました。
サーチするデータ ＝ 99
見つかりません。
サーチするデータ ＝ -1
```

7-2-2 アルゴリズムのトレース

　先ほどのJavaのプログラムの実行結果と同じデータで、ハッシュ表に48を格納する処理、ハッシュ表から48をサーチする処理、および99をサーチする処理をトレースしてみましょう。まず、48を格納する処理です。48の格納位置が決まるまでの手順に注目してください。

手順1　dataの48のハッシュ値hashValueを求め、格納位置posに代入する

ハッシュ値 = 48 % 10 = 8

data	hashValue	pos
48	8	8

手順2　hashTable[8]は−1ではないので、格納位置posを1つ先に進める

hashTable[0]	[1]	[2]	[3]	[4]	[5]	[6]	[7]	[8]	[9]
-1	51	-1	-1	-1	-1	-1	37	28	79

[8] −1ではない

data	hashValue	pos
48	8	9

手順3　hashTable[9]は−1ではないので、格納位置posを1つ先に進める

hashTable[0]	[1]	[2]	[3]	[4]	[5]	[6]	[7]	[8]	[9]
-1	51	-1	-1	-1	-1	-1	37	28	79

[9] −1ではない

data	hashValue	pos
48	8	10

手順4　格納位置posが末尾の9を超えたので、先頭の0に戻す

hashTable[0]	[1]	[2]	[3]	[4]	[5]	[6]	[7]	[8]	[9]
-1	51	-1	-1	-1	-1	-1	37	28	79

data	hashValue	pos
48	8	0

手順5　hashTable[0]は−1なので、dataの48をhashTable[0]に格納する

hashTable[0]	[1]	[2]	[3]	[4]	[5]	[6]	[7]	[8]	[9]
48	51	-1	-1	-1	-1	-1	37	28	79

data	hashValue	pos
48	8	0

第7章 ハッシュ表探索法

次に、48をサーチする処理です。48が見つかるまでの手順に注目してください。

手順1 dataの48のハッシュ値hashValueを求め、探索位置posに代入する

ハッシュ値 ＝ 48 ％ 10 ＝ 8

data	hashValue	pos
48	8	8

手順2 hashTable[8]は−1ではなく、かつ、dataと等しくもないので、探索位置posを1つ先に進める

hashTable[0]	[1]	[2]	[3]	[4]	[5]	[6]	[7]	[8]	[9]
48	51	-1	-1	-1	-1	-1	37	28	79

data	hashValue	pos
48	8	9

（[8]について：−1ではない、かつ、dataと等しくない）

手順3 hashTable[9]は−1ではなく、かつ、dataと等しくもないので、探索位置posを1つ先に進める

hashTable[0]	[1]	[2]	[3]	[4]	[5]	[6]	[7]	[8]	[9]
48	51	-1	-1	-1	-1	-1	37	28	79

data	hashValue	pos
48	8	10

（[9]について：−1ではない、かつ、dataと等しくない）

手順4 探索位置posが末尾の9を超えたので、先頭の0に戻す

hashTable[0]	[1]	[2]	[3]	[4]	[5]	[6]	[7]	[8]	[9]
48	51	-1	-1	-1	-1	-1	37	28	79

data	hashValue	pos
48	8	0

(手順 5) hashTable[0]はdataと等しいので、「data番目に見つかりました。」と表示する

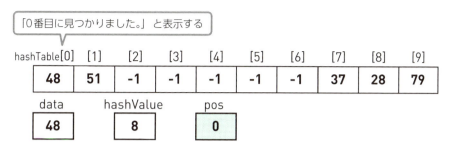

「0番目に見つかりました。」と表示する

最後に、99をサーチする処理です。99が見つからないと判断される手順に注目してください。

(手順 1) dataの99のハッシュ値hashValueを求め、探索位置posに代入する

$$ハッシュ値 = 99 \% 10 = 9$$

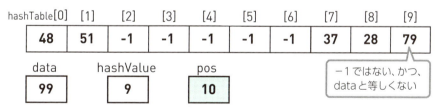

(手順 2) hashTable[9]は−1ではなく、かつ、dataと等しくもないので、探索位置posを1つ先に進める

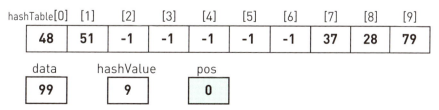

−1ではない、かつ、dataと等しくない

(手順 3) 探索位置posが末尾の9を超えたので、先頭の0に戻す

第 7 章 ハッシュ表探索法

手順 4 hashTable[0]は−1ではなく、かつ、dataと等しくもないので、探索位置 pos を1つ先に進める

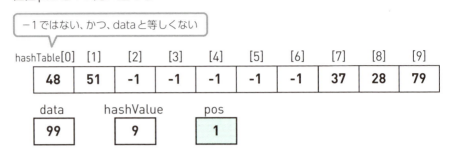

手順 5 hashTable[1]は−1ではなく、かつ、dataと等しくもないので、探索位置 pos を1つ先に進める

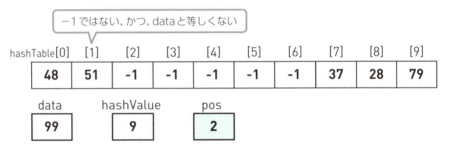

手順 6 hashTable[2]は−1なので、「見つかりません。」と表示する

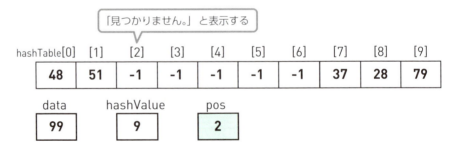

7-2-3 Javaによるアルゴリズムのトレース

以下に、トレースのためのコードを追加したプログラムを示します。HashTableSearchSynTrace.javaというファイル名で作成してください。

Java
HashTableSearch
SynTrace.java

```java
import java.util.Scanner;

public class HashTableSearchSynTrace {
  // ハッシュ表の実体となる配列（要素数を10個とする）
  public static int[] hashTable =
  { -1, -1, -1, -1, -1, -1, -1, -1, -1, -1 };

  // ハッシュ関数（メソッド）
  public static int hashFunc(int data) {
    return data % 10;
  }

  // プログラムの実行開始位置となるmainメソッド
  public static void main(String[] args) {
    int data, hashValue;
    int pos; // 格納位置、探索位置

    // データをキー入力してハッシュ表に格納する
    Scanner scn = new Scanner(System.in);
    do {
      // 格納するデータを入力する
      System.out.printf("\n格納するデータ = ");
      data = scn.nextInt();

      // マイナスの値が入力されたらデータの格納を終了する
      if (data < 0) {
        break;
      }

      // ハッシュ値を求める
      hashValue = hashFunc(data);
      System.out.printf("ハッシュ値 = %d %% 10 = %d\n",
      data, hashValue);

      // データの格納位置を決める
      pos = hashValue;
      System.out.printf("格納位置pos = %d\n", pos);
```

```java
      while (hashTable[pos] != -1) {
        // 格納位置を1つ先に進める
        pos++;

        // 末尾を超えたら先頭に戻す
        if (pos >= hashTable.length) {
          pos = 0;
        }
        System.out.printf("格納位置pos = %d¥n", pos);

        // ハッシュ値の位置まで戻ったら、
        // ハッシュ表が一杯なので、繰り返しを終了する
        if (pos == hashValue) {
          break;
        }
      }

      if (hashTable[pos] == -1) {
        // ハッシュ表が一杯でなければ、データを格納する
        hashTable[pos] = data;
        System.out.printf("hashTable[%d]に%dを格納する。¥n",
          pos, data);
      }
      else {
        // 「ハッシュ表が一杯です。」と表示する
        System.out.printf("ハッシュ表が一杯です。¥n");
      }
    } while (true);

    // ハッシュ表からデータをサーチする
    do {
      // サーチするデータをキー入力する
      System.out.printf("¥nサーチするデータ = ");
      data = scn.nextInt();

      // マイナスの値が入力されたらデータのサーチを終了する
      if (data < 0) {
        break;
      }

      // ハッシュ値を求める
      hashValue = hashFunc(data);
      System.out.printf("ハッシュ値 = %d %% 10 = %d¥n",
        data, hashValue);

      // データをサーチする
      pos = hashValue;
```

```java
      System.out.printf("探索位置pos = %d\n", pos);
      while (hashTable[pos] != -1 && hashTable[pos] != data) {
        // 探索位置を1つ先に進める
        pos++;

        // 末尾を超えたら先頭に戻す
        if (pos >= hashTable.length) {
          pos = 0;
        }
        System.out.printf("探索位置pos = %d\n", pos);

        // －1を見つけるか、または、ハッシュ値の位置まで戻ったら、
        // データが見つからないことが確定なので、繰り返しを終了する
        if (hashTable[pos] == -1 || pos == hashValue) {
          break;
        }
      }

      // サーチした結果を表示する
      if (hashTable[pos] == data) {
        System.out.printf(
        "hashTable[%d]の値は%dなので、見つかった位置を表示する。\n",
        pos, data);
        System.out.printf("%d番目に見つかりました。\n", pos);
      }
      else {
        System.out.printf(
        "hashTable[%d]の値は%dなので、「見つかりません。」と表示する。\n",
        pos, hashTable[pos]);
        System.out.printf("見つかりません。\n");
      }
    } while (true);
  }
}
```

　以下に、プログラムの実行結果の例を示します。先ほど手作業で行ったトレースと同じ手順で処理が行われていることを確認できます。シノニムの48の場合は、格納位置posや探索位置posの値が、ハッシュ値hashValueの位置から後ろに1つずつ進み、末尾を超えたら先頭に戻っていることに注目してください。

Javaのプログラムの実行結果の例

```
C:\gihyo>java HashTableSearchSynTrace

格納するデータ = 37
ハッシュ値 = 37 % 10 = 7
格納位置pos = 7
hashTable[7]に37を格納する。
```

```
格納するデータ = 51
ハッシュ値 = 51 % 10 = 1
格納位置pos = 1
hashTable[1]に51を格納する。

格納するデータ = 79
ハッシュ値 = 79 % 10 = 9
格納位置pos = 9
hashTable[9]に79を格納する。

格納するデータ = 28
ハッシュ値 = 28 % 10 = 8
格納位置pos = 8
hashTable[8]に28を格納する。

格納するデータ = 48
ハッシュ値 = 48 % 10 = 8
格納位置pos = 8
格納位置pos = 9
格納位置pos = 0
hashTabble[0]に48を格納する。

格納するデータ = -1

サーチするデータ = 37
ハッシュ値 = 37 % 10 = 7
探索位置pos = 7
hashTable[7]の値は37なので、見つかった位置を表示する。
7番目に見つかりました。

サーチするデータ = 51
ハッシュ値 = 51 % 10 = 1
探索位置pos = 1
hashTable[1]の値は51なので、見つかった位置を表示する。
1番目に見つかりました。

サーチするデータ = 79
ハッシュ値 = 79 % 10 = 9
探索位置pos = 9
hashTable[9]の値は79なので、見つかった位置を表示する。
9番目に見つかりました。

サーチするデータ = 28
ハッシュ値 = 28 % 10 = 8
探索位置pos = 8
hashTable[8]の値は28なので、見つかった位置を表示する。
8番目に見つかりました。

サーチするデータ = 48
ハッシュ値 = 48 % 10 = 8
探索位置pos = 8
探索位置pos = 9
探索位置pos = 0
hashTable[0]の値は48なので、見つかった位置を表示する。
0番目に見つかりました。

サーチするデータ = 99
ハッシュ値 = 99 % 10 = 9
探索位置pos = 9
```

```
探索位置pos = 0
探索位置pos = 1
探索位置pos = 2
hashTable[2]の値は-1なので、「見つかりません。」と表示する。
見つかりません。

サーチするデータ = -1
```

確認問題

Q1 以下の説明が正しければ○を、正しくなければ×を付けてください。

（1）ハッシュ関数で得た値をハッシュ値と呼ぶ
（2）整数のデータを10で割った余りは、必ず1～10の範囲になる
（3）ハッシュ表探索法の計算量は、理想的にはO(N)である
（4）異なるハッシュ値になるデータをシノニムと呼ぶ
（5）シノニムの発生が無視できるほど少ないなら、ハッシュ表探索法の計算量はO(1)である

Q2 以下は、シノニムに対処してハッシュ表hashTableにデータを格納する擬似言語のプログラム（この章で説明したプログラムの一部）です。空欄に適切な語句や演算子を記入してください。

```
○整数型：data, hashValue, pos
・data ← キー入力されたデータ
・hashValue ← hashFunc(data)
・pos ← [ (1) ]
■ hashTable[pos] ≠ -1
 ・pos ← [ (2) ]
 ▲ pos ≧ 10
 ・pos ← 0

 ▲ pos = [ (3) ]
 ・break

 hashTable[pos] = -1
・hashTable[pos] ← data

・「ハッシュ表が一杯です。」と表示する
```

COLUMN
オープンアドレス法とチェイン法

　ハッシュ表探索法でシノニムが発生した場合には、ハッシュ値を要素番号とするのとは別の場所にデータを格納しなければなりません。この章では、ハッシュ値の要素番号の先で最初に空いている場所にデータを格納する、というシンプルなアルゴリズムを使いました。これを「オープンアドレス法」と呼びます。

　シノニムの対処方法には、やや複雑な「チェイン法」というアルゴリズムもあります。これは、ハッシュ表とは別に「あふれ領域」と呼ばれる配列を用意しておき、シノニムになったデータを格納します。ハッシュ表もあふれ領域も、第5章で説明した連結リストにして、同じハッシュ値となるデータをつなぎます。チェイン法のチェイン（chain）は、データを「つなぐ」という意味です。

　たとえば、「ハッシュ値 ＝ データの値 % 10」というハッシュ関数を使うと、28、48、78はシノニムになります。チェイン法では、以下のようにハッシュ表とあふれ領域にデータを格納します。ここでは、配列の要素の上段にデータ、下段にポインタを示しています。データが－1の要素は、データが格納されていないことを示し、ポインタが－1の要素は、連結リストの末尾であることを示しています。どちらも初期値は－1です。

　シノニムの発生を抑える工夫も必要です。たとえば、格納するデータ数に対してハッシュ表の要素数を十分に大きく取り、ハッシュ表全体にデータが散らばるようなハッシュ関数を使えば、シノニムの発生は少なくなるはずです。

第8章

再帰呼び出しと
クイックソート

この章の前半部では、関数の処理の中で同じ関数を呼び出すことで繰り返し処理をスマートに実現するテクニックである「再帰呼び出し」の仕組みを説明します。再帰呼び出しを説明する際の定番である「引数nの階乗を返すfactorial関数」を作ります。関数が繰り返し呼び出され、戻り値が繰り返し返される、という流れをトレースできるようになってください。ただし、階乗を求める処理に再帰呼び出しを使うことが適しているわけではありません。説明するのに都合がよいので、階乗を求める関数が例にされるだけです。この章の後半部では、大量のデータを効率的にソートできるクイックソートを学びます。クイックソートは、再帰呼び出しを使うことが適しています。それどころか、再帰呼び出しを使わないとクイックソートのプログラムを記述するのは困難です。再帰呼び出しの仕組みを知り、効果的な場面で活用できるようになりましょう。

第 8 章　再帰呼び出しとクイックソート

8-1　再帰呼び出し

Point 再帰呼び出しの仕組み
Point 再帰呼び出しのトレース

8-1-1　nの階乗を求めるアルゴリズム

擬似言語では、■———■ で囲んで繰り返しを示します。JavaやC言語では、while { } や for { } という表現で繰り返しを示します。これらとは、まったく別の方法で繰り返しを実現できるのが**「再帰呼び出し (recursive call)」**です。これは、「関数の処理の中で、同じ関数を呼び出すことで、繰り返し処理を実現する」というプログラミングテクニックです。

> **ここが Point**
> 再帰呼び出しは、関数の処理の中で、同じ関数を呼び出すことで、繰り返し処理を実現する

再帰呼び出しで繰り返しを実現できることは、不思議なことではありません。関数を呼び出すと、処理の流れが関数の入り口から始まります。たとえば、プログラムの実行開始位置であるmain関数からfunc関数を呼び出すと、処理の流れはfunc関数の入り口から始まって、func関数の中にある処理に進んでいきます。ここで、以下のように、func関数の処理の中にfunc関数の呼び出し（再帰呼び出し）があると、処理の流れがfunc関数の入り口に戻り、再びfunc関数の中にある処理に進んで繰り返されるのです。

再帰呼び出しの仕組み

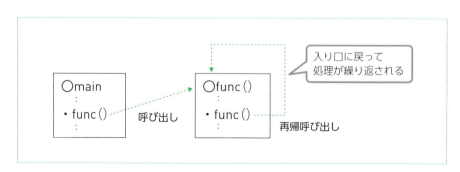

8-1 再帰呼び出し

ここがPoint
繰り返しが永遠に続かないように、何らかの条件のときに再帰呼び出しをやめる仕組みを用意しておく

ここがPoint
再帰呼び出しは、処理に時間がかかり、メモリを多く消費するので、滅多やたらと使うべきものではない

ここがPoint
再帰呼び出しは、再帰呼び出しを使った方がスマートに（短く、無駄なく、効率的に）プログラムを記述できる場面でのみ使うべきである

ここがPoint
再帰呼び出しで引数nの階乗を求めるサンプルプログラムは、再帰呼び出しを使った方がスマートというわけではない

ここがPoint
数学の約束で、0の階乗は1と決められている

関数の処理の中で同じ関数を呼んでいるだけでは、繰り返しが永遠に続いてしまいます。そこで、再帰呼び出しを行う関数では、何らかの条件のときに再帰呼び出しをやめる仕組みを用意しておきます。たとえば、後で作成する引数nの階乗を求める関数では、「n＝0」という条件が真なら再帰呼び出しをやめます。

再帰呼び出しは、滅多やたらと使うべきものではありません。多くの場合に、通常の繰り返し（擬似言語なら ■―――■ による繰り返し、JavaやC言語では、while { } や for { } による繰り返し）と比べて、再帰呼び出しは処理に時間がかかり、メモリを多く消費するからです。再帰呼び出しを使った方がスマートに（短く、無駄なく、効率的に）プログラムを記述できる場面でのみ、使うべきテクニックです。再帰呼び出しを使わないと、プログラムの記述が困難な場合もあります。たとえば、第6章の二分探索木では、この章で説明する再帰呼び出しを先回りして使っていました。再帰呼び出しを使わないと、二分探索の処理を記述するのが困難だったからです。

再帰呼び出しの仕組みを確認するサンプルとして、引数nの階乗を求めるfactorial関数を作ります。factorialは、「階乗」という意味です。このサンプルでは、仕組みを説明するのに都合がよいので、わざと再帰呼び出しを使っています。引数nの階乗を求める処理は、通常の繰り返しでも記述できます。再帰呼び出しを使った方がスマートというわけではありません。この点に注意してください。この章の後半部で作成するクイックソートは、再帰呼び出しを使うべきものです。再帰呼び出しを使わないと、プログラムの記述が困難だからです。

以下は、引数nの階乗を求めるfactorial関数と、引数に5を指定してfactorial関数を呼び出すmain関数を擬似言語で記述したものです。5の階乗は、5×4×3×2×1＝120なので、main関数の「・ans ← factorial(5)」の部分では、ansに120が格納されます。factorial関数の「n × factorial(n－1)」の部分が再帰呼び出しです。これは、「nの階乗は、n×（n－1）の階乗である」という考えをプログラムで表現したものです。たとえば、5の階乗の5×4×3×2×1は、5×4×3×2×1＝5×(4×3×2×1)＝5×4の階乗＝5×(5－1)の階乗です。

数学の約束で、0の階乗まで求めることができ、0の階乗は1と決められています。これは、階乗は、順列や組合せを求めるときによく使われるものであり、データが0個のときには「何も選ばない」という1つのパターンがあるとみなす

第 8 章　再帰呼び出しとクイックソート

からです。factorial関数では、引数nの値が0のとき戻り値として1を返して、その時点で再帰呼び出しをやめています。

擬似言語

ここがPoint
引数nの階乗を求める関数では、引数nの値が0のときに再帰呼び出しをやめる

```
/* 引数nの階乗を求める関数（ここから） */
○整数型：factorial(整数型：n)
 n = 0
  /* 0の階乗は1なので、1を返して、再帰呼び出しをやめる */
  ・return 1

  /* nの階乗はn×(n−1) の階乗なので、*/
  /* 再帰呼び出しで (n−1) の階乗を求める */
  ・return n × factorial(n−1)

/* 引数nの階乗を求める関数（ここまで） */

/* プログラムの実行開始位置となるmain関数（ここから） */
○main
○整数型：ans
/* 5の階乗を求める */
・ans ← factorial(5)
・ansの値を表示する
/* プログラムの実行開始位置となるmain関数（ここまで） */
```

Javaでプログラムを作って動作を確認してみましょう。以下のプログラムをRecursiveCall.javaというファイル名で作成してください。

Java
RecursiveCall.java

```java
public class RecursiveCall {
    // 引数nの階乗を求めるメソッド
    public static int factorial(int n) {
        if (n == 0) {
            // 0の階乗は1なので、1を返して、再帰呼び出しをやめる
            return 1;
        }
        else {
            // nの階乗はn×(n−1) の階乗なので、
            // 再帰呼び出しで (n−1) の階乗を求める
            return n * factorial(n - 1);
        }
    }

    // プログラムの実行開始位置となるmainメソッド
    public static void main(String[] args) {
        int ans;
```

```
    // 5の階乗を求める
    ans = factorial(5);
    System.out.printf("%d¥n", ans);
  }
}
```

以下に、プログラムの実行結果を示します。5の階乗の正しい値である120が得られました。

Javaのプログラムの実行結果

```
C:¥gihyo>java RecursiveCall
120
```

8-1-2 アルゴリズムのトレース

引数nに5が指定されたことを想定して、factorial関数の処理の流れをトレースしてみましょう。ポイントは、**引数の値が変化しながらfactorial関数が繰り返し再帰呼び出しされ、引数が0になると戻り値が繰り返し返されること**です。0の階乗まで求めているので、5の階乗は、5×4×3×2×1ではなく、5×4×3×2×1×1という計算で求められています。最後の×1は、0の階乗を求めた結果です。

ここがPoint
引数の値が変化しながら繰り返し再帰呼び出しが行われ、引数が0になると戻り値が繰り返し返される

手順1 factorial(5)が呼び出される

n	戻り値
5	?

手順2 factorial(4)が呼び出される

n	戻り値
4	?

第8章 再帰呼び出しとクイックソート

手順 3 factorial(3) が呼び出される

n	戻り値
3	?

手順 4 factorial(2) が呼び出される

n	戻り値
2	?

手順 5 factorial(1) が呼び出される

n	戻り値
1	?

手順 6 factorial(0) が呼び出される

n	戻り値
0	?

手順 7 factorial(0) が戻り値として1を返す

n	戻り値
0	1

手順 8 factorial(1) が戻り値として1を返す

n	戻り値
1	1

手順 9 factorial(2) が戻り値として2を返す

n	戻り値
2	2

手順 10　factorial(3)が戻り値として6を返す

　　　　　n　　　　戻り値
　　　　[3]　　　[6]

手順 11　factorial(4)が戻り値として24を返す

　　　　　n　　　　戻り値
　　　　[4]　　　[24]

手順 12　factorial(5)が戻り値として120を返す

　　　　　n　　　　戻り値
　　　　[5]　　　[120]
　　　　　　　　　　　↳ 表示する

8-1-3　Javaによるアルゴリズムのトレース

　以下に、factorialメソッドが再帰呼び出しされる順序と、戻り値が返される順序をトレースするコードを追加したプログラムを示します。RecursiveCallTrace.javaというファイル名で作成してください。

Java
RecursiveCallTrace.java

```java
public class RecursiveCallTrace {
  // 引数nの階乗を求めるメソッド
  public static int factorial(int n) {
    System.out.printf("factorial(%d)が呼び出されました。¥n", n);

    if (n == 0) {
      // 0の階乗は1なので、1を返して、再帰呼び出しをやめる
      System.out.printf("factorial(0)が戻り値として1を返しました。¥n");
      return 1;
    }
    else {
      // nの階乗はn×(n-1) の階乗なので、
      // 再帰呼び出しで（n-1）の階乗を求める
```

```java
        int retVal = n * factorial(n - 1);
        System.out.printf("factorial(%d)が戻り値として%dを返しました。¥n",
        n, retVal);
        return retVal;
    }
  }

  // プログラムの実行開始位置となるmainメソッド
  public static void main(String[] args) {
    int ans;

    // 5の階乗を求める
    ans = factorial(5);
    System.out.printf("%d¥n", ans);
  }
}
```

　以下に、プログラムの実行結果を示します。戻り値が確定しないままfactorial(5) → factorial(4) → factorial(3) → factorial(2) → factorial(1) の順に再帰呼び出しが繰り返され、次のfactorial(0) の再帰呼び出しで戻り値の1が返されると、1 → 1×1 → 1×2 → 2×3 → 6×4 → 24×5 → 120の順に繰り返し戻り値が返されることを確認できました。

Javaのプログラムの実行結果

```
C:¥gihyo>java RecursiveCallTrace
factorial(5)が呼び出されました。
factorial(4)が呼び出されました。
factorial(3)が呼び出されました。
factorial(2)が呼び出されました。
factorial(1)が呼び出されました。
factorial(0)が呼び出されました。
factorial(0)が戻り値として1を返しました。
factorial(1)が戻り値として1を返しました。
factorial(2)が戻り値として2を返しました。
factorial(3)が戻り値として6を返しました。
factorial(4)が戻り値として24を返しました。
factorial(5)が戻り値として120を返しました。
120
```

8-2 クイックソート

> **Point** グループ分けを行う関数とソートを行う関数
> **Point** クイックソートにおける再帰呼び出し

8-2-1 クイックソートのアルゴリズム

ここがPoint
クイックソートは、人量のデータを効率的にソートするアルゴリズムである

ここがPoint
クイックソートは、配列の中から基準値(pivot)を選び、残りの要素を基準値より大きい値と小さい値にグループ分けすることを繰り返して、配列全体をソートする

ここがPoint
クイックソートのプログラムは、グループ分けを行う関数と、その関数を使ってソートを行う関数を用意すると、とても作りやすくなる

ここがPoint
ソートを行う関数の中で、再帰呼び出しを使う

クイックソート (quick sort) は、大量のデータを効率的にソートするアルゴリズムです。クイックソートは、配列の中から基準値 (pivot) となる要素を1つ選び、残りの要素を<u>基準値より小さい値と大きい値にグループ分け</u>することを繰り返して全体をソートします。この繰り返しは、グループに分けられたデータが1つになるまで (2つ以上ある限り) 続けられます。データが1つになったら、そのデータの位置は確定だからです。基準値も<u>データ</u>の1つなので、位置は確定です。

---
① 配列の中から基準値となる要素を1つ選ぶ
② 残りの要素を基準値より小さい値と大きい値にグループ分けすることを繰り返す
③ グループ分けされたデータが1つになるまで、①と②を繰り返す

クイックソートのプログラムは、グループ分けを行う関数と、その関数を使ってソートを行う関数を用意すると、とても作りやすくなります。ここでは、グループ分けを行う関数をdivideArray (配列を分割するという意味) という名前で、ソートを行う関数をsortArray (配列をソートするという意味) という名前で作成します。sortArray関数がdivideArray関数を使います。さらに、sortArray関数の処理の中で、再帰呼び出しを使います。ソートは、昇順で行います。

sortArray関数よりdivideArray関数の方がやや複雑なので、先にsortArray関

第 8 章　再帰呼び出しとクイックソート

ここが Point
ソートを行う関数では、グループ分けした前側と後ろ側を引数に指定して、それぞれ再帰呼び出しを行う

数の処理内容を説明しましょう。以下は、擬似言語で記述したsortArray関数です。引数で指定されたa[start]～a[end]の範囲の配列をソートします。配列の要素数が2つ以上あるという条件で、配列の要素のグループ分けを行い、前側のグループを引数に指定してsortArray関数を呼び出す再帰呼び出しと、後ろ側のグループを引数に指定してsortArray関数を呼び出す再帰呼び出しを行います。処理内容は、これだけです。とてもスマートなプログラムになっているのは、再帰呼び出しを使っているからです。

擬似言語

```
/* 配列a[start]～a[end]を昇順にソートする関数（ここから）*/
○sortArray(整数型：a[], 整数型：start, 整数型：end)
○整数型：pivot /* 配列をグループ分けする基準値の位置 */
/* 配列の要素が2つ以上あるなら処理を行う */
▲ start ＜ end
  /* 基準値との大小関係に応じてグループ分けする */
  ・pivot ← divideArray(a, start, end)
  /* 基準値より小さい前側のグループに同じ処理を適用する（再帰呼び出し）*/
  ・sortArray(a, start, pivot － 1)
  /* 基準値より大きい後ろ側のグループに同じ処理を適用する（再帰呼び出し）*/
  ・sortArray(a, pivot ＋ 1, end)
▼
/* 配列a[start]～a[end]を昇順にソートする関数（ここまで）*/
```

　次に、やや複雑なdivideArray関数の処理内容を説明しましょう。以下は、擬似言語で記述したdivideArray関数です。a[head]～a[tail]の範囲の配列を2つにグループ分けして、戻り値として基準値の添え字を返します。基準値より前には、基準値より小さい要素があり、基準値より後ろには、基準値より大きい要素があります。たとえば、a[0]～a[6]を2つにグループ分けして、戻り値として3が返された場合はa[3]が基準値であり、a[0]～a[2]にはa[3]より小さい要素があり、a[4]～a[6]にはa[3]より大きい要素があります。

　ここでは、プログラムにざっと目を通してください。divideArray関数の処理内容の詳細は、具合例を想定して手作業でトレースするときに理解してもらうことにします。「■ true」の部分は、これだけでは無限の繰り返しになってしまいますが、処理の中にbreakがあるので、その時点で繰り返しが終了します。

擬似言語

```
/* 配列a[head]～a[tail]をグループ分けする関数（ここから）*/
○整数型：divideArray(整数型：a[], 整数型：head, 整数型：tail)
○整数型：left, right, temp
・left ← head + 1  /* 先頭+1からたどる位置 */
・right ← tail     /* 末尾からたどる位置 */
/* 基準値a[head]より小さい要素を前側に、大きい要素を後ろ側に移動する */
■ true
  /* 配列を先頭＋1から後ろに向かってたどり、*/
  /* 基準値より大きい要素を見つける */
  ■ left < tail and a[head] > a[left]
   ・left ← left + 1

  /* 配列を末尾から前に向かってたどり、*/
  /* 基準値より小さい要素を見つける */
  ■ a[head] < a[right]
   ・right ← right - 1

  /* チェックする要素がなくなったら終了する */
  ▲ left ≧ right
   ・break

  /* 基準値より大きいa[left]と、より小さいa[right]を交換する */
  ・temp ← a[left]
  ・a[left] ← a[right]
  ・a[right] ← temp
  /* 次の要素のチェックに進む */
  ・left ← left + 1
  ・right ← right - 1

/* 基準値a[head]とa[right]を交換する */
・temp ← a[head]
・a[head] ← a[right]
・a[right] ← temp
/* 基準値a[right]の位置を返す */
・return right
/* 配列a[head]～a[tail]をグループ分けする関数（ここまで）*/
```

　Javaでプログラムを作って動作を確認しましょう。以下のプログラムをQuickSort.javaというファイル名で作成してください。先ほど擬似言語で示した関数と同じ機能のdivideArrayメソッドとsortArrayメソッド、および配列の内容を表示するprintArrayメソッド、そしてプログラムの実行開始位置となるmainメソッドがあります。ソート対象の配列は、mainメソッドの中で宣言されている要素数7個の配列 [4][7][1][6][2][5][3] です。

第 8 章　再帰呼び出しとクイックソート

Java
QuickSort.java

```java
public class QuickSort {
  // 配列a[head]〜a[tail]をグループ分けするメソッド
  public static int divideArray(int[] a, int head, int tail) {
    int left, right, temp;

    left = head + 1; // 先頭+1からたどる位置
    right = tail; // 末尾からたどる位置

    // 基準値a[head]より小さい要素を前側に、大きい要素を後ろ側に移動する
    while (true) {
      // 配列を先頭+1から後ろに向かってたどり、
      // 基準値より大きい要素を見つける
      while (left < tail && a[head] > a[left]) {
        left++;
      }

      // 配列を末尾から前に向かってたどり、
      // 基準値より小さい要素を見つける
      while (a[head] < a[right]) {
        right--;
      }

      // チェックする要素がなくなったら終了する
      if (left >= right) {
        break;
      }

      // 基準値より大きいa[left]と、より小さいa[right]を交換する
      temp = a[left];
      a[left] = a[right];
      a[right] = temp;

      // 次の要素のチェックに進む
      left++;
      right--;
    }

    // 基準値a[head]とa[right]を交換する
    temp = a[head];
    a[head] = a[right];
    a[right] = temp;

    // 基準値a[right]の位置を返す
    return right;
  }
```

```java
// 配列a[start]～a[end]を昇順にソートするメソッド
public static void sortArray(int[] a, int start, int end) {
  int pivot; // 配列をグループ分けする基準値の位置

  // 配列の要素が2つ以上あるなら処理を行う
  if (start < end) {
    // 基準値との大小関係に応じてグループ分けする
    pivot = divideArray(a, start, end);

    // 基準値より小さい前側のグループに同じ処理を適用する（再帰呼び出し）
    sortArray(a, start, pivot - 1);

    // 基準値より大きい後ろ側のグループに同じ処理を適用する（再帰呼び出し）
    sortArray(a, pivot + 1, end);
  }
}

// 配列の内容を表示するメソッド
public static void printArray(int[] a) {
  for (int i = 0; i < a.length; i++) {
    System.out.printf("[" + a[i] + "]");
  }
  System.out.printf("\n");
}

// プログラムの実行開始位置となるmainメソッド
public static void main(String[] args) {
  int[] a = { 4, 7, 1, 6, 2, 5, 3 };

  // ソート前の配列を表示する
  printArray(a);

  // クイックソートする
  sortArray(a, 0, a.length - 1);

  // ソート後の配列を表示する
  printArray(a);
}
}
```

　以下に、プログラムの実行結果を示します。ソート前とソート後の配列の内容が表示されています。クイックソートで昇順のソートができました。

```
C:\gihyo>java QuickSort
[4][7][1][6][2][5][3]
[1][2][3][4][5][6][7]
```

8-2-2 アルゴリズムのトレース

クイックソートを実現しているdivideArrayメソッドとsortArrayメソッドの処理内容を手作業でトレースしてみましょう。ここでは、先ほどのJavaのプログラムと同じ、要素数7個の配列int[ ] a = { 4, 7, 1, 6, 2, 5, 3 };を昇順にソートします。わかりやすいように、divideArrayメソッドとsortArrayメソッドを別々にトレースします。

まず、divideArrayメソッドのトレースです。このメソッドは、sortArrayメソッドのpivot = divideArray(a, start, end);という処理で何度か呼び出されていますが、最初に呼び出されるpivot = divideArray(a, 0, 6);を想定したトレースだけを行います。[4] [7] [1] [6] [2] [5] [3] という要素数7個の配列が、先頭の[4]を基準値として、[4]より小さい[2] [3] [1]と、[4]より大きい[6] [5] [7]の2つのグループに分けられ、全体が[2] [3] [1] [4] [6] [5] [7]という順序になります。

手順1 引数aに要素数7個の配列、headに0、tailに6が指定されてdivideArrayメソッドが呼び出される

a[0]	a[1]	a[2]	a[3]	a[4]	a[5]	a[6]
4	7	1	6	2	5	3

head	tail
0	6

手順 2 前からたどる位置leftに初期値としてhead＋1＝1を設定する。後ろからたどる位置rightに初期値としてtail＝6を設定する。基準値は、先頭の要素a[head]＝a[0]とする

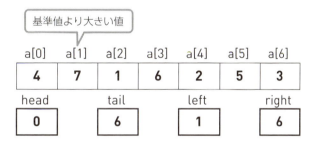

手順 3 leftの値を1ずつ増やして、配列aを前から後ろに向かってたどり、基準値より大きい値a[1]＝7を見つける（ここではleftを増やす前に見つかる）

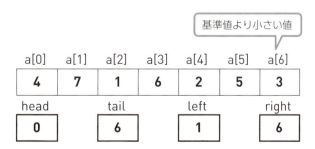

手順 4 rightの値を1ずつ減らし、配列aを後ろから前に向かってたどり、基準値より小さい値a[6]＝3を見つける（ここではrightを減らす前に見つかる）

第 8 章　再帰呼び出しとクイックソート

手順 5 　a[left]とa[right]を交換する

※ 値の交換の際に使う変数tempは省略している

a[0]	a[1]	a[2]	a[3]	a[4]	a[5]	a[6]
4	3	1	6	2	5	7

head	tail	left	right
0	6	1	6

手順 6 　leftを1増やし、rightを1減らし、left ≧ rightが偽なので、繰り返しを続ける

a[0]	a[1]	a[2]	a[3]	a[4]	a[5]	a[6]
4	3	1	6	2	5	7

head	tail	left	right
0	6	2	5

手順 7 　leftの値を1ずつ増やして、配列aを前から後ろに向かってたどり、基準値より大きい値a[3]＝6を見つける

基準値より大きい値

a[0]	a[1]	a[2]	a[3]	a[4]	a[5]	a[6]
4	3	1	6	2	5	7

head	tail	left	right
0	6	3	5

手順 8 　rightの値を1ずつ減らし、配列aを後ろから前に向かってたどり、基準値より小さい値a[4]＝2を見つける

基準値より小さい値

a[0]	a[1]	a[2]	a[3]	a[4]	a[5]	a[6]
4	3	1	6	2	5	7

head	tail	left	right
0	6	3	4

手順 9 a[left]とa[right]を交換する

※ 値の交換の際に使う変数tempは省略している

a[0]	a[1]	a[2]	a[3]	a[4]	a[5]	a[6]
4	3	1	2	6	5	7

head	tail	left	right
0	6	3	4

手順 10 leftを1増やし、rightを1減らし、left ≧ rightが真なので、繰り返しを終了する

a[0]	a[1]	a[2]	a[3]	a[4]	a[5]	a[6]
4	3	1	2	6	5	7

head	tail	left	right
0	6	4	3

手順 11 繰り返しが終了したら、基準値a[head]＝a[0]とa[right]＝a[3]を交換して、基準値を2つのグループの間に入れる

※ 値の交換の際に使う変数tempは省略している

a[0]	a[1]	a[2]	a[3]	a[4]	a[5]	a[6]
2	3	1	4	6	5	7

head	tail	left	right
0	6	4	3

第8章 再帰呼び出しとクイックソート

手順 12 戻り値として基準値の位置 right ＝ 3 を返す

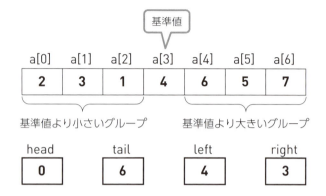

　次は、sortArray メソッドのトレースです。このメソッドは、divideArray メソッドを呼び出して配列を2つのグループに分け、それぞれのグループを引数として sortArray メソッドを再帰呼び出しします。以下は、処理の内容ではなく、ソートが完了するまでに、sortArray メソッドと divideArray メソッドが呼ばれる順序をトレースしたものです。引数で指定する配列の範囲（アミカケしてあります）が変化していくことに注目してください。

手順 1 sortArray(a, 0, 6) が呼び出される

a[0]	a[1]	a[2]	a[3]	a[4]	a[5]	a[6]
4	7	1	6	2	5	3

手順 2 divideArray(a, 0, 6) が呼び出される

a[0]	a[1]	a[2]	a[3]	a[4]	a[5]	a[6]
2	3	1	4	6	5	7

手順 3 sortArray(a, 0, 2) が呼び出される

a[0]	a[1]	a[2]	a[3]	a[4]	a[5]	a[6]
2	3	1	4	6	5	7

手順 4 divideArray(a, 0, 2)が呼び出される

a[0]	a[1]	a[2]	a[3]	a[4]	a[5]	a[6]
1	2	3	4	6	5	7

手順 5 sortArray(a, 0, 0)が呼び出される

a[0]	a[1]	a[2]	a[3]	a[4]	a[5]	a[6]
1	2	3	4	6	5	7

※ 対象となる要素が1個なので、これ以降の再帰呼び出しは行われない

手順 6 sortArray(a, 2, 2)が呼び出される

a[0]	a[1]	a[2]	a[3]	a[4]	a[5]	a[6]
1	2	3	4	6	5	7

※ 対象となる要素が1個なので、これ以降の再帰呼び出しは行われない

手順 7 sortArray(a, 4, 6)が呼び出される

a[0]	a[1]	a[2]	a[3]	a[4]	a[5]	a[6]
1	2	3	4	6	5	7

手順 8 divideArray(a, 4, 6)が呼び出される

a[0]	a[1]	a[2]	a[3]	a[4]	a[5]	a[6]
1	2	3	4	5	6	7

手順 9 sortArray(a, 4, 4)が呼び出される

a[0]	a[1]	a[2]	a[3]	a[4]	a[5]	a[6]
1	2	3	4	5	6	7

※ 対象となる要素が1個なので、これ以降の再帰呼び出しは行われない

手順 10 sortArray(a, 6, 6) が呼び出される

a[0]	a[1]	a[2]	a[3]	a[4]	a[5]	a[6]
1	2	3	4	5	6	7

※ 対象となる要素が1個なので、これ以降の再帰呼び出しは行われない
※ この時点でソートの処理が終了する

Quiz クイックソートが速い理由は？

クイックソートのクイック（quick）は、「速い」という意味です。挿入法、バブルソート、選択法の計算量が$O(N^2)$であるのに対し、クイックソートのアルゴリズムの計算量は理想的に$O(\log_2 N \times N)$です。他のアルゴリズムと比べて、クイックソートが速いのはなぜでしょう。また、計算量が理想的には$O(\log_2 N \times N)$になるのはなぜでしょう。

解答は **283ページ** にあります。

8-2-3 Javaによるアルゴリズムのトレース

　以下に、sortArrayメソッドとdivideArrayメソッドが呼ばれる順序をトレースするコードを追加したプログラムを示します。それぞれのメソッドの先頭に1行のコードを追加するだけなので、他の部分を省略しています。QuickSortTrace.javaというファイル名で作成してください。

Java
QuickSortTrace.java

```java
public class QuickSortTrace {
    // 配列a[head]～a[tail]をグループ分けするメソッド
    public static int divideArray(int[] a, int head, int tail) {
        System.out.printf("divideArray(a, %d, %d)が呼び出されました。¥n",
          head, tail);
        ……（以下省略）……
    }

    // 配列a[start]～a[end]を昇順にソートするメソッド
    public static void sortArray(int[] a, int start, int end) {
```

```
    System.out.printf("sortArray(a, %d, %d)が呼び出されました。¥n",
    start, end);
    ……（以下省略）……
  }
  ……（以下省略）……
}
```

以下に、プログラムの実行結果を示します。手作業で行ったsortArrayメソッドとdivideArrayメソッドが呼ばれる順序のトレースと同じ結果になりました。引数で指定した配列の範囲も同じです。

Javaのプログラムの実行結果

```
C:¥gihyo>java QuickSortTrace
[4][7][1][6][2][5][3]
sortArray(a, 0, 6)が呼び出されました。
divideArray(a, 0, 6)が呼び出されました。
sortArray(a, 0, 2)が呼び出されました。
divideArray(a, 0, 2)が呼び出されました。
sortArray(a, 0, 0)が呼び出されました。
sortArray(a, 2, 2)が呼び出されました。
sortArray(a, 4, 6)が呼び出されました。
divideArray(a, 4, 6)が呼び出されました。
sortArray(a, 4, 4)が呼び出されました。
sortArray(a, 6, 6)が呼び出されました。
[1][2][3][4][5][6][7]
```

確認問題

Q1 以下の説明が正しければ○を、正しくなければ×を付けてください。

（1）再帰呼び出しは、一般的に、通常の繰り返しと比べて、処理に時間がかからず、メモリの消費量も少ない
（2）0の階乗まで求められる本文中のfactorial関数では、5の階乗を5×4×3×2×1×1という計算で求めている
（3）本文中のクイックソートのプログラムのsortArray関数とdivideArray関数では、divideArray関数の処理の中でdivideArray関数が再帰呼び出しされている
（4）クイックソートでは、1つの関数の処理の中で、配列の前側を対象とした再帰呼び出しと後ろ側を対象とした再帰呼び出しが行われる
（5）クイックソートの再帰呼び出しは、関数に指定された配列の要素数が2以上なら終了する

Q2 以下は、クイックソートを行うsortArray関数を擬似言語で記述したものです。引数の意味や、処理の中で呼び出しているdivideArray関数の機能は、この章の中で作成したプログラムと同じであるとします。空欄に適切な語句や演算子を記入してください。

```
○sortArray(整数型：a[], 整数型：start, 整数型：end)
○整数型：pivot /* 配列をグループ分けする基準値の位置 */
 ▲ [  (1)  ]
 │ /* 基準値との大小関係に応じてグループ分けする */
 │ ・pivot ← divideArray(a, start, end)
 │ /* 基準値より小さい前側のグループに同じ処理を適用する（再帰呼び出し）*/
 │ ・sortArray(a, start, [  (2)  ])
 │ /* 基準値より大きい後ろ側のグループに同じ処理を適用する（再帰呼び出し）*/
 │ ・sortArray(a, [  (3)  ], end)
 ▼
```

解答は 284 ページ にあります。

COLUMN
効率のよい基準値を選ぶ方法

　[1][7][5][6][2][4][3]という配列をクイックソートで昇順にソートするとします。この章では、「先頭の要素を基準値とする」というアルゴリズムを使いました。最初のグループ分け処理では、[1]が基準値になります。ところが、[1]は最小値なので、残りの要素は、すべて基準値より大きなグループに入ります。したがって、以下のようになり、グループ分けができていません。

　[1][7][5][6][2][4][3] ……グループ分け前
　[1][7][5][6][2][4][3] ……グループ分け後

　クイックソートを効率的に行うには、配列の要素の真ん中の値が基準値であるべきです。ただし、配列の要素をすべてチェックして真ん中の値を求めようとすると、その処理に時間がかかってしまい、効率的ではなくなってしまいます。

　効率的に適切な（真ん中あたりの）基準値を選ぶアルゴリズムとして、「任意に選んだ3つの要素の真ん中の値を基準値とする」というアルゴリズムがあります。このアルゴリズムを使うと、ぴったり真ん中にはなりませんが、ほどほどに真ん中に近い値を基準値にできます。

　上記の例で試してみましょう。ここでは「先頭から3つの要素の真ん中の値を基準値にする」ことにします。[1][7][5]ですから、これら3つの真ん中は[5]です。[5]は、ぴったり真ん中ではありませんが（ぴったり真ん中は[4]です）、ほどほどに真ん中に近い値です。[5]を基準値にすると、以下のようにグループ分けができます。これなら、クイックソートを効率的に行えます。

　[1][7][5][6][2][4][3] ……グループ分け前
　[1][3][4][2][5][6][7] ……グループ分け後

　ただし、グループ分けをして要素数が少なくなったら、3つの要素の真ん中を選ぶ処理が無駄になります。そこで、実用的なプログラムでは、クイックソートでグループ分けして要素数が10個程度になったら、そこから先は挿入法でソートを行う、というアルゴリズムを採用することがあります。適材適所で、2つのアルゴリズムを使い分けるのです。

第 9 章

動的計画法と
ナップサック問題

この章の前半部では、フィボナッチ数を例にして動的計画法の仕組みを学び、後半部では、動的計画法の活用例としてナップサック問題を解きます。動的計画法は、「分割された問題の答えを記憶しておき、それらを再利用することで、同じ問題を何度も解く無駄を避ける」というプログラミングテクニックです。フィボナッチ数列は、第8章で学んだ再帰呼び出しを使ってスマートに記述できるのですが、そのままでは同じ問題を何度も解く無駄が生じます。この無駄を、動的計画法によって避ける仕組みに注目してください。ナップサック問題は、ナップサックに詰められる品物の価値が最大となる組合せを求める問題です。すべての組合せをチェックすると膨大な時間がかかりますが、動的計画法を活用することで、効率的に最適な解が得られます。

第 9 章　動的計画法とナップサック問題

9-1　動的計画法

- Point 再帰呼び出しの問題点と動的計画法による解決
- Point 再帰呼び出しと動的計画法の組合せ

9-1-1　再帰呼び出しでフィボナッチ数を求める

第8章で学んだ再帰呼び出しのテクニックを十分に理解できたことを確認するために、「**フィボナッチ数**」を求める関数fibonacciを作ってみましょう。フィボナッチ数とは、「**フィボナッチ数列（Fibonacci numbers）**」を構成する個々の値です。フィボナッチ（Leonardo Fibonacci）は、中世イタリアの数学者の名前です。

フィボナッチ数列は、「先頭は0、次は1、それ以降は1つ前と2つ前の数を足した値」というルールの数列であり、0、1、1、2、3、5、8、13、21、……となります。先頭を0番目と呼ぶことにすれば、3番目のフィボナッチ数は、1番目と2番目の数を足して1＋1＝2です。4番目のフィボナッチ数なら、2番目と3番目を足して1＋2＝3です。

> **ここがPoint**
> フィボナッチ数列は、先頭は0、次は1、それ以降は1つ前と2つ前の数を足した値、というルールの数列である

Quiz　ウサギのペアの数は？

フィボナッチ数列は、不思議なもののように思われるかもしれませんが、自然界によくあるものです。よくある例として、「1組（オス・メスのペア）の子ウサギがいて、子ウサギは1カ月経つと親ウサギになって、さらに1カ月後には1組の子ウサギを生むことを繰り返す。6カ月後には何組のウサギがいるか？」という問題を解いてみてください。

解答は **283ページ** にあります。

> **ここがPoint**
> フィボナッチ数を返す関数は、再帰呼び出しを使うことが適している

n番目のフィボナッチ数を返す関数（Javaではメソッド）を整数型：fibonacci（整数型：n）という構文で作ってみましょう。「先頭は0、次は1、それ以降は1つ前と

9-1 動的計画法

2つ前の数を足した値」というルールは、再帰呼び出しのテクニックを使うのに適しています。以下は、擬似言語で記述したfibonacci関数です。fibonacci(n − 1) + fibonacci(n − 2)の部分で、再帰呼び出しを使って「1つ前と2つ前の数を足した値」を求めているのがポイントです。再帰呼び出しによって、スマートにプログラムを記述できています。

擬似言語

```
/* 引数nのフィボナッチ数を返す関数（ここから）*/
○整数型：fibonacci(整数型：n)
  n = 0
  /* 0番目のフィボナッチ数は0である */
  ・return 0

  n = 1
  /* 1番目のフィボナッチ数は1である */
  ・return 1

  /* それ以降は1つ前と2つ前の数を足した値である */
  ・return fibonacci(n − 1) + fibonacci(n − 2)

/* 引数nのフィボナッチ数を返す関数（ここまで）*/
```

　Javaでfibonacciメソッドを記述して、動作を確認してみましょう。以下のプログラムをFibonacciRec.javaというファイル名で作成してください。mainメソッドでは、0番目～8番目のフィボナッチ数を表示しています。

Java FibonacciRec.java

```java
public class FibonacciRec {
  // 引数nのフィボナッチ数を返すメソッド
  public static int fibonacci(int n) {
    if (n == 0) {
      // 0番目のフィボナッチ数は0である
      return 0;
    }
    else if (n == 1) {
      // 1番目のフィボナッチ数は1である
      return 1;
    }
    else {
      // それ以降は1つ前と2つ前の数を足した値である
      return fibonacci(n - 1) + fibonacci(n - 2);
    }
  }
```

第9章 動的計画法とナップサック問題

```java
    // プログラムの実行開始位置となるmainメソッド
    public static void main(String[] args) {
      int n;

      // 0番目～8番目のフィボナッチ数を表示する
      for (n = 0; n <= 8; n++) {
        System.out.printf("%d, ", fibonacci(n));
      }
      System.out.printf("¥n");
    }
}
```

以下に、プログラムの実行結果を示します。0番目～8番目のフィボナッチ数である0、1、1、2、3、5、8、13、21が表示されました。

Javaのプログラムの実行結果

```
C:¥gihyo>java FibonacciRec
0, 1, 1, 2, 3, 5, 8, 13, 21,
```

9-1-2 動的計画法でフィボナッチ数を求める

第8章で説明した、再帰呼び出しを使って階乗を求めるfactorial関数の処理内容には無駄がありませんが、先ほど説明したフィボナッチ数を求めるfibonacci関数の処理内容には無駄な部分があります。引数として5が与えられた場合を例にして、両者でどのように再帰呼び出しが行われるかを比べてみましょう。

引数に5を指定してfactorial関数を呼び出すと、以下のように再帰呼び出しが行われます。factorial(5)～factorial(0)が、それぞれ1回ずつ、全部で6回呼び出されます。**同じ引数でfactorial関数を呼び出している部分はないので、無駄がありません。**

ここが Point
再帰呼び出しで階乗を返す関数の処理には無駄がない

引数に5を指定した場合のfactorial関数の再帰呼び出し

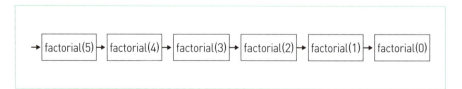

引数に5を指定してfibonacci関数を呼び出すと、以下のように再帰呼び出しが行われます。関数の呼び出し回数は、fibonacci(5)とfibonacci(4)は1回だけですが、fibonacci(3)は2回、fibonacci(2)は3回、fibonacci(1)は5回、fibonacci(0)は3回呼び出されています。全部で15回の呼び出しの中で、9回（図でアミカケした部分）は同じ引数によるfibonacci関数の呼び出しです。同じ引数なら戻り値も同じなので、何度も同じ引数でfibonacci関数を呼び出すのは無駄なことです。

> **ここが Point**
> 再帰呼び出しでフィボナッチ数を返す関数の処理には、同じ引数で同じ関数が何度も呼び出される、という無駄がある

引数に5を指定した場合のfibonacci関数の再帰呼び出し

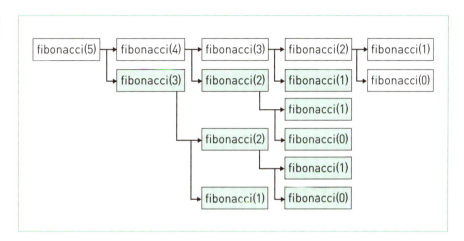

> **ここが Point**
> 動的計画法（DP）は、分割された問題の答えを記憶しておき、それらを再利用することで、同じ問題を何度も解く無駄を避ける、というプログラミングテクニックである

この問題は、「**動的計画法（Dynamic Programming、DPと略されることもある）**」で解決できます。動的計画法は、「分割された問題の答えを記憶しておき、それらを再利用することで、同じ問題を何度も解く無駄を避ける」というプログラミングテクニックです。この説明ではイメージがつかめないと思いますので、具体例をお見せしましょう。

以下は、動的計画法を使ってフィボナッチ数を求めるfibonacci関数です。再帰呼び出しではなく、ループカウンタを使った通常の繰り返し処理を行っています。0からnまで順番にフィボナッチ数を求め、それを配列fibonacciNumbersに記憶しています。ここで注目してほしいのは、fibonacciNumbers[i] ← fibonacciNumbers[i － 1] + fibonacciNumbers[i － 2]の部分です。i番目のフィボナッチ数を求めるために、すでに求められているi－1番目とi－2番目のフィボナッチ数を利用しています。これが、動的計画法の「分割された問題の答えを記憶しておき、それらを再利用することで、同じ問題を何度も解く無駄を避ける」というプログラミングテクニックです。

第 9 章 動的計画法とナップサック問題

擬似言語

```
/* フィボナッチ数を記憶する配列（最大100番目までとする）*/
○整数型：fibonacciNumbers[100]

/* 引数nのフィボナッチ数を返す関数（ここから）*/
○整数型：fibonacci(整数型：n)
○整数型：i
■ i：0, i ≦ n, 1
  │ i ＝ 0
  │   /* 0番目のフィボナッチ数0を記憶する */
  │   ・fibonacciNumbers[i] ← 0
  │
  │ i ＝ 1
  │   /* 1番目のフィボナッチ数1を記憶する */
  │   ・fibonacciNumbers[i] ← 1
  │
  │   /* それ以降のフィボナッチ数を求めて記憶する */
  │   ・fibonacciNumbers[i] ← fibonacciNumbers[i － 1] +
  │     fibonacciNumbers[i － 2]
■
/* フィボナッチ数を返す */
・return fibonacciNumbers[n]
/* 引数nのフィボナッチ数を返す関数（ここまで）*/
```

Javaでプログラムを作って、動的計画法を使ってフィボナッチ数を求めるfibonacciメソッドの動作を確認しておきましょう。以下のプログラムをFibonacciDP.javaというファイル名で作成してください。

Java FibonacciDP.java

```java
public class FibonacciDP {
  // フィボナッチ数を記憶する配列（最大100番目までとする）
  public static int[] fibonacciNumbers = new int[100];

  // 引数nのフィボナッチ数を返すメソッド
  public static int fibonacci(int n) {
    int i;

    for (i = 0; i <= n; i++) {
      if (i == 0) {
        // 0番目のフィボナッチ数0を記憶する
        fibonacciNumbers[i] = 0;
      }
      else if (i == 1) {
```

```java
      // 1番目のフィボナッチ数1を記憶する
      fibonacciNumbers[i] = 1;
    }
    else {
      // それ以降のフィボナッチ数を求めて記憶する
      fibonacciNumbers[i] = fibonacciNumbers[i - 1] +
      fibonacciNumbers[i - 2];
    }
  }

  // フィボナッチ数を返す
  return fibonacciNumbers[n];
}

// プログラムの実行開始位置となるmainメソッド
public static void main(String[] args) {
  int n;

  // 0番目〜8番目のフィボナッチ数を表示する
  for (n = 0; n <= 8; n++) {
    System.out.printf("%d, ", fibonacci(n));
  }
  System.out.printf("¥n");
}
}
```

　以下に、プログラムの実行結果を示します。先ほどと同様に、0番目〜8番目のフィボナッチ数を求めました。0、1、1、2、3、5、8、13、21という適切な値が表示されました。

Javaのプログラムの実行結果

```
C:¥gihyo>java FibonacciDP
0, 1, 1, 2, 3, 5, 8, 13, 21,
```

9-1-3 再帰呼び出しと動的計画法を組み合わせてフィボナッチ数を求める

ここがPoint
再帰呼び出しと動的計画法を組み合わせて使うと、さらに処理を効率化できる

　再帰呼び出しと動的計画法を組み合わせて使うと、さらに処理を効率化できます。そのためには、新たに初期化処理を行うinitFibonacciNumbers関数を追加します。initFibonacciNumbers関数は、フィボナッチ数を記憶した配列

第9章 動的計画法とナップサック問題

fibonacciNumbersの要素の値をすべて−1で初期化します。この−1は、まだフィボナッチ数が求められていないことを示します。−1という値にしたのは、フィボナッチ数は0以上の値だからです。以下は、擬似言語で記述した配列fibonacciNumbersとinitFibonacciNumbers関数です。

擬似言語

```
/* フィボナッチ数を記憶する配列（最大100番目までとする）*/
○整数型：fibonacciNumbers[100]

/* フィボナッチ数を記憶する配列を初期化する関数（ここから）*/
○initFibonacciNumbers()
○整数型：i
■ i：0, i ＜ 100, 1
 ・fibonacciNumbers[i] ← −1

/* フィボナッチ数を記憶する配列を初期化する関数（ここまで）*/
```

さらに、fibonacci関数の処理内容も変更します。fibonacciNumbers[n]の値をチェックして、それが−1なら再帰呼び出しでフィボナッチ数を求めて、その結果をfibonacciNumbers[n]に記憶します。−1でないなら、再帰呼び出しを行わずにfibonacciNumbers[n]の値を返します。これで、**同じ引数で何度もfibonacci関数を呼び出す無駄を避けることができます**。動的計画法のテクニックを使って、再帰呼び出しの無駄を避けたのです。以下は、擬似言語で記述したfibonacci関数です。

> **ここが Point**
> 動的計画法のテクニックによって、同じ引数で同じ関数が何度も呼び出される、という無駄を避けることができる

擬似言語

```
/* 引数nのフィボナッチ数を返す関数（ここから）*/
○整数型：fibonacci(整数型：n)
○整数型：i
 fibonacciNumbers[n] ＝ −1
  n ＝ 0
  /* 0番目のフィボナッチ数0を記憶する */
  ・fibonacciNumbers[n] ← 0

  n ＝ 1
  /* 1番目のフィボナッチ数1を記憶する */
  ・fibonacciNumbers[n] ← 1

  /* 再帰呼び出しでフィボナッチ数を求めて記憶する */
  ・fibonacciNumbers[n] ← fibonacci(n−1) + fibonacci(n−2)
```

```
/* フィボナッチ数を返す */
・return fibonacciNumbers[n]
/* 引数nのフィボナッチ数を返す関数（ここまで）*/
```

　Javaでプログラムを作って、動的計画法を使ってフィボナッチ数を求めるfibonacciメソッドの動作を確認しておきましょう。以下のプログラムをFibonacciRecDP.javaというファイル名で作成してください。ここでは、fibonacciメソッドの中に、メソッドが呼び出されたことを表示する処理を追加しています。mainメソッドでは、0番目〜8番目のフィボナッチ数ではなく、5番目のフィボナッチ数だけを求めています。この章で最初に作ったプログラムと比較するためです。

Java
FibonacciRecDP.java

```java
public class FibonacciRecDP {
  // フィボナッチ数を記憶する配列（最大100番目までとする）
  public static int[] fibonacciNumbers = new int[100];

  // フィボナッチ数を記憶する配列を初期化するメソッド
  public static void initFibonacciNumbers() {
    int i;

    for (i = 0; i < fibonacciNumbers.length; i++) {
      fibonacciNumbers[i] = -1;
    }
  }

  // 引数nのフィボナッチ数を返すメソッド
  public static int fibonacci(int n) {
    int i;

    // メソッドが呼ばれたことを表示する
    System.out.printf("fibonacci(%d)が呼ばれました。¥n", n);

    if (fibonacciNumbers[n] == -1) {
      if (n == 0) {
        // 0番目のフィボナッチ数0を記憶する
        fibonacciNumbers[n] = 0;
      }
      else if (n == 1) {
        // 1番目のフィボナッチ数1を記憶する
        fibonacciNumbers[n] = 1;
      }
```

```
      else {
        // 再帰呼び出しでフィボナッチ数を求めて記憶する
        fibonacciNumbers[n] = fibonacci(n - 1) + fibonacci(n - 2);
      }
    }

    // フィボナッチ数を返す
    return fibonacciNumbers[n];
  }

  // プログラムの実行開始位置となるmainメソッド
  public static void main(String[] args) {
    int n;

    // フィボナッチ数を記憶する配列を初期化する
    initFibonacciNumbers();

    // 5番目のフィボナッチ数を表示する
    System.out.printf("5番目のフィボナッチ数 = %d\n", fibonacci(5));
  }
}
```

　以下に、プログラムの実行結果を示します。5番目のフィボナッチ数を求めるために、fibonacciメソッドが全部で9回呼び出されています。この章で最初に作った再帰呼び出しだけのfibonacci関数は15回だったので、**動的計画法**によって大幅に無駄を避けられたことがわかります。

Javaのプログラムの実行結果

```
C:\gihyo>java FibonacciRecDP
fibonacci(5)が呼ばれました。
fibonacci(4)が呼ばれました。
fibonacci(3)が呼ばれました。
fibonacci(2)が呼ばれました。
fibonacci(1)が呼ばれました。
fibonacci(0)が呼ばれました。
fibonacci(1)が呼ばれました。
fibonacci(2)が呼ばれました。
fibonacci(3)が呼ばれました。
5番目のフィボナッチ数 = 5
```

9-2 ナップサック問題

Point 動的計画法でナップサック問題を解く仕組みを知る
Point 動的計画法でナップサック問題を解くプログラムを作る

9-2-1 ナップサック問題と動的計画法

> **ここがPoint**
> ナップサック問題は、ナップサックに詰める価値の合計が最大となる品物の組合せを求める問題である

「**ナップサック問題 (knapsack problem)**」とは、「耐重量が示された1つのナップサックと、重量と価値が示された複数の品物がある。耐重量を超えないように品物を選んで、ナップサックに詰める。価値の合計が最大となる品物の組合せを求めよ」という問題です。

ここで例にするナップサック問題では、ナップサックの耐重量を6kgとします。品物は、品物A〜品物Eまでの5種類とし、それぞれの重量と価値は、品物Aが1kgで100円、品物Bが2kgで300円、品物Cが3kgで350円、品物Dが4kgで500円、品物Eが5kgで650円とします。同じ品物を複数選ぶことはできないとします。つまり、品物A〜品物Eは、選ぶ／選ばないのどちらかです。

ここで例にするナップサック問題

第 9 章 動的計画法とナップサック問題

もしも、すべての組合せをチェックすると、5種類の品物それぞれに、選ぶ／選ばないの2通りの選択肢があるので、全部で2×2×2×2×2＝32通りになります。品物の種類をNとすれば、**計算量はO(2^N)です**。このようにNを指数とした計算量になるアルゴリズムは**「指数時間アルゴリズム」**と呼ばれ、データ数が多くなると、コンピュータを使っても処理に膨大な時間がかかります。

> **ここがPoint**
> Nを指数とした計算量になる指数時間アルゴリズムは、コンピュータを使っても処理に膨大な時間がかかる

動的計画法を使ってナップサック問題を解くと、効率的に解を得ることができます。もう一度説明しますが、動的計画法は「分割された問題の答えを記憶しておき、それらを再利用することで、同じ問題を何度も解く無駄を避ける」というプログラミングテクニックです。小さな部分問題の答えを記憶しておいて、より大きな部分問題を解くために利用するのです。

> **ここがPoint**
> 動的計画法を使って指数時間アルゴリズムを解くと、効率的に解を得ることができる

ここでは、「耐重量6kgの1つのナップサックに、5種類の品物を選んで詰めたときの最大値を得る」という問題全体を、「耐重量0kg～6kgの7つのナップサックに、1種類～5種類の品物を選んで詰めたときの最大値を得る」という部分問題に分割して解きます。耐重量0kgのナップサックは、品物を入れられませんが、他のナップサックと比較するために使います。

9-2-2 動的計画法でナップサック問題を解く仕組み

後で作成するプログラムは、ナップサック問題を解くだけでなく、問題が解ける仕組みを説明する内容になっています。プログラムは後ほど示しますので、先にプログラムの実行結果を見て、動的計画法でナップサック問題を解く仕組みを知っておきましょう。

プログラムを実行すると、部分問題を解いた結果が「＜A, 1kg, 100円を吟味した結果＞」～「＜E, 5kg, 650円を吟味した結果＞」の5つに分けて表示されます。横に並んで表示される「0kg」～「6kg」は、7つのナップサックの耐重量です。その下にある「100円」や「300円」などは、ナップサックに詰められた品物の価値の最大値です。この最大値は、それぞれの部分問題の解です。さらに、その下にある「A」や「B」などは、ナップサックに最後に入れた品物の名前です。最後に入れた品物の情報は、最終的な解を示すときに使います。このナップサッ

ク問題では、品物Bと品物Dを選んで重量の合計は6kgになり、価値の最大値は800円になるという解が得られました。

Javaのプログラムの実行結果

```
C:\gihyo>java KnapsackDP
＜A，1kg，100円を吟味した結果＞
0kg     1kg     2kg     3kg     4kg     5kg     6kg
0円     100円   100円   100円   100円   100円   100円
なし    A       A       A       A       A       A

＜B，2kg，300円を吟味した結果＞
0kg     1kg     2kg     3kg     4kg     5kg     6kg
0円     100円   300円   400円   400円   400円   400円
なし    A       B       B       B       B       B

＜C，3kg，350円を吟味した結果＞
0kg     1kg     2kg     3kg     4kg     5kg     6kg
0円     100円   300円   400円   450円   650円   750円
なし    A       B       B       C       C       C

＜D，4kg，500円を吟味した結果＞
0kg     1kg     2kg     3kg     4kg     5kg     6kg
0円     100円   300円   400円   500円   650円   800円
なし    A       B       B       D       C       D

＜E，5kg，650円を吟味した結果＞
0kg     1kg     2kg     3kg     4kg     5kg     6kg
0円     100円   300円   400円   500円   650円   800円
なし    A       B       B       D       C       D

＜ナップサックに入っている品物を調べる＞
6kgのナップサックに最後に入れた品物はDです。
  D，4kg，500円
  6kg - 4kg = 2kgです。
2kgのナップサックに最後に入れた品物はBです。
  B，2kg，300円
  2kg - 2kg = 0kgです。

＜解を表示する＞
重量の合計値 = 6kg
価値の最大値 = 800円
```

プログラムの実行結果と照らし合わせながら、それぞれの部分問題を解くときの考え方を説明しましょう。最初の「＜A, 1kg, 100円を吟味した結果＞」は、すべてのナップサックが空の状態で、品物Aだけがある場合の解です。品物Aの重量は1kgなので、それ以上の1kg～6kgのナップサックに品物Aを入れ、価値の最大値が100円になります。

次の「＜B, 2kg, 300円を吟味した結果＞」は、品物Aを吟味した後で、さらに品物Bが加わった場合の解です。1kgのナップサックには、2kgの品物Bが入らないので、2kg～6kgのナップサックで品物Bを入れるかどうかを吟味します。2kgのナップサックでは、もともと入っていた品物Aを取り出してから品物Bを入れて、価値の最大値が300円になります。3kg～4kgのナップサックでは、もともと入っていた品物Aを取り出さずに品物Bを入れて、価値の最大値が400円になります。

これ以降も同様にして、「＜C, 3kg, 350円を吟味した結果＞」「＜D, 4kg, 500円を吟味した結果＞」「＜E, 5kg, 650円を吟味した結果＞」の順に、新たに品物C、品物D、品物Eを入れるかどうかを吟味します。

> **ここがPoint**
> ナップサックを0kg～6kgに分け、品物を1つずつ追加しているのは、品物を入れるかどうかを判断する情報を得るためである

ナップサックを0kg～6kgに分け、品物を1つずつ追加しているのは、品物を入れるかどうかを判断する情報を得るためです。たとえば、「＜D, 4kg, 500円を吟味した結果＞」で、5kgのナップサックを見てください。1つ前と比べると、価値の最大値が650円で最後に入れた品物がCなので、何も変化していません。これは、品物Dを入れなかったからです。品物Dを入れないと判断したのは、品物Dを入れるために4kgの空きスペースを作って、そこに品物Dを入れても、価値の最大値が元の650円より大きくならないからです。5kgのナップサックに4kgの空きスペースを作ると、1kg分は品物を残せます。1kg分の品物の価値の最大値は、1kgのナップサックを見て100円だとわかります。この100円に、品物Dの500円を足しても、600円にしかなりません。

5kgのナップサックに
品物Dを入れるかどうか
判断する方法

それに対して、「＜D, 4kg, 500円を吟味した結果＞」の6kgのナップサックでは、品物Dを入れるべきだと判断しています。品物Dを入れるかどうかを吟味する前の価値の最大値は、750円です。品物Dを入れるための4kgの空きスペースを作ると、2kg分は品物を残せます。2kg分の品物の価値の最大値は、2kgのナップサックを見て300円だとわかります。この300円に、品物Dの500円を足すと800円になります。これは、元の750円より大きな値なので、品物Dを入れるべきです。

6kgのナップサックに
品物Dを入れるかどうか
判断する方法

第 9 章 動的計画法とナップサック問題

> **ここがPoint**
> 最終的な解のナップサックに入っている品物が何であるかを調べるときに、それぞれのナップサックに最後に入れた品物の情報を使う

　最終的な解として、6kgのナップサックの価値の最大値は800円になりました。**このナップサックに入っている品物が何であるかを調べるときに、それぞれのナップサックに最後に入れた品物の情報を使います。**この仕組みも、プログラムの実行結果で確認できるようにしてあります。6kgのナップサックに最後に入れたのは、品物Dです。品物Dは4kgなので、残りは6kg − 4kg = 2kgです。2kgのナップサックに最後に入れたのは、品物Bです。品物Bは2kgで、残りは2kg − 2kg = 0kgなので、これ以上品物は入っていません。

> **6kgのナップサックに入っている品物を調べて、解を表示する**

```
＜ナップサックに入っている品物を調べる＞
6kgのナップサックに最後に入れた品物はDです。
　D, 4kg, 500円
　6kg － 4kg ＝ 2kgです。
2kgのナップサックに最後に入れた品物はBです。
　B, 2kg, 300円
　2kg － 2kg ＝ 0kgです。

＜解を表示する＞
重量の合計値 ＝ 6kg
価値の最大値 ＝ 800円
```

9-2-3 動的計画法でナップサック問題を解くプログラム

　以下に、ナップサック問題を解くプログラムを示します。かなり長いプログラムなので、擬似言語を省略してJavaだけで示します。KnapsackDP.javaというファイル名で作成してください。プログラムは、いくつかのフィールド、showKnapメソッド、mainメソッドから構成されています。**このプログラムは、ナップサック問題を解く仕組みを説明するためのものなので、プログラムの概要を理解できれば十分です。**第10章でも、かなり長いJavaのプログラムが登場します。そのときにプログラムの内容を詳しく理解することにチャレンジしてください。

　小さく分割した部分問題の解は、2次元配列maxValue[ ][ ]に記憶します。それぞれのナップサックに最後に入れた品物は、lastItem[ ]に記憶します。showKnapメソッドは、品物を吟味した直後のmaxValue[ ][ ]の内容を表示します。

9-2 ナップサック問題

　mainメソッドの中にある多重ループで、品物を1つずつ増やしながら、0kg〜6kgの耐重量のナップサックの価値の最大値を求め、その結果をmaxValue[ ][ ]に記憶していきます。すべての品物の吟味が終わったとき、6kgの耐重量のナップサックの価値の最大値は、maxValue[ITEM_NUM − 1][KNAP_MAX]に格納されています。mainメソッドの最後で、解を表示します。

Java KnapsackDP.java

```java
public class KnapsackDP {
  // ナップサックの耐重量
  public static final int KNAP_MAX = 6;

  // 品物の種類
  public static final int ITEM_NUM = 5;

  // 品物の名称
  public static char[] name = { 'A', 'B', 'C', 'D', 'E' };

  // 品物の重量
  public static int[] weight = { 1, 2, 3, 4, 5 };

  // 品物の価値
  public static int[] value = { 100, 300, 350, 500, 650 };

  // 品物を吟味した直後の価値
  public static int[][] maxValue = new int[ITEM_NUM][KNAP_MAX + 1];

  // 最後に入れた品物
  public static int[] lastItem = new int[KNAP_MAX + 1];

  // item番目の品物を吟味した直後のナップサックの内容を表示するメソッド
  public static void showKnap(int item) {
    int knap; // 0kg〜6kgのナップサックを指す

    // 吟味した品物の情報を表示する
    System.out.printf("<%c, %dkg, %d円を吟味した結果>\n",
      name[item], weight[item], value[item]);

    // ナップサックの耐重量を表示する
    for (knap = 0; knap <= KNAP_MAX; knap++) {
      System.out.printf("%dkg\t", knap);
    }
    System.out.printf("\n");

    // ナップサックに詰められた品物の価値の合計を表示する
    for (knap = 0; knap <= KNAP_MAX; knap++) {
```

```java
      System.out.printf("%d円\t", maxValue[item][knap]);
    }
    System.out.printf("\n");

    // ナップサックに最後に入れた品物を表示する
    for (knap = 0; knap <= KNAP_MAX; knap++) {
      if (lastItem[knap] != -1) {
        System.out.printf("%c\t", name[lastItem[knap]]);
      }
      else {
        System.out.printf("なし\t");
      }
    }
    System.out.printf("\n\n");
}

// プログラムの実行開始位置となるmainメソッド
public static void main(String[] args) {
  int item;    // 品物の番号
  int knap;    // 0kg～6kgのナップサックを指す
  int selVal;  // 仮に品物を選んだ場合の価値の合計値
  int totalWeight;   // 重量の合計値

  // 0番目の品物を吟味する
  item = 0;
  // 0kg～KNAP_MAXkgのナップサックで吟味する
  for (knap = 0; knap <= KNAP_MAX; knap++) {
    // 耐重量以下なら選ぶ
    if (weight[item] <= knap) {
      maxValue[item][knap] = value[item];
      lastItem[knap] = item;
    }
    // 耐重量以下でないなら選ばない
    else {
      maxValue[0][knap] = 0;
      lastItem[knap] = -1;
    }
  }
  showKnap(item);

  // 1番目～ITEM_NUM-1番目の品物を吟味する
  for (item = 1; item < ITEM_NUM; item++) {
    // 0kg～KNAP_MAXkgのナップサックで吟味する
    for (knap = 0; knap <= KNAP_MAX; knap++) {
      // 耐重量以下の場合
      if (weight[item] <= knap) {
```

```java
          // 選んだ場合の価値を求めてみる
          selVal = maxValue[item - 1][knap - weight[item]] +
          value[item];
          // 価値が大きくなるなら選ぶ
          if (selVal > maxValue[item - 1][knap]) {
            maxValue[item][knap] = selVal;
            lastItem[knap] = item;
          }
          // 価値が大きくならないなら選ばない
          else {
            maxValue[item][knap] = maxValue[item - 1][knap];
          }
        }
        // 耐重量以下でないなら選ばない
        else {
          maxValue[item][knap] = maxValue[item - 1][knap];
        }
      }
      showKnap(item);
    }

    // ナップサックに入っている品物を調べて、解を表示する
    System.out.printf("＜ナップサックに入っている品物を調べる＞¥n");
    totalWeight = 0;
    for (knap = KNAP_MAX; knap > 0; knap -= weight[item]) {
      item = lastItem[knap];
      System.out.printf(
      "%dkgのナップサックに最後に入れた品物は%cです。¥n",
      knap, name[item]);
      totalWeight += weight[item];
      System.out.printf("  %c, %dkg, %d円¥n", name[item],
      weight[item], value[item]);
      System.out.printf("  %dkg - %dkg = %dkgです。¥n",
      knap, weight[item], knap - weight[item]);
    }
    System.out.printf("¥n＜解を表示する＞¥n");
    System.out.printf("重量の合計値 = %dkg¥n", totalWeight);
    System.out.printf("価値の最大値 = %d円¥n",
    maxValue[ITEM_NUM - 1][KNAP_MAX]);
  }
}
```

第 9 章 動的計画法とナップサック問題

確認問題

Q1 以下の説明が正しければ○を、正しくなければ×を付けてください。

(1) 再帰呼び出しで階乗を求めると、同じ引数で何度も関数を呼び出す無駄が生じる
(2) 動的計画法は、分割された問題の答えを記憶して、それを再利用する
(3) 再帰呼び出しと動的計画法を組み合わせて使うことはできない
(4) Nを指数とした計算量になるアルゴリズムを、指数時間アルゴリズムと呼ぶ
(5) すべての組合せをチェックするアルゴリズムでナップサック問題を解くと、計算量はO(N^2)になる

Q2 以下は、引数nのフィボナッチ数を返すfibonacci関数です。動的計画法を使っています。空欄に適切な語句や演算子を記入してください。

```
○整数型:fibonacciNumbers[100]

○整数型:fibonacci(整数型:n)
○整数型:i
■ i:0, i ≦ n, 1
  ▲ i = 0
    ・fibonacciNumbers[i] ← [　(1)　]
  ─
    i = 1
    ・fibonacciNumbers[i] ← [　(2)　]
  ─
    ・fibonacciNumbers[i] ← [　(3)　]
  ■
return fibonacciNumbers[n]
```

解答は **285**ページ にあります。

COLUMN

簡単な貪欲法でナップサック問題を解く

　この章で取り上げたナップサック問題を、「貪欲法（グリーディ法）」で解くこともできます。これは、「価値の大きいものから順番に品物を選ぶ」という簡単な手順です。以下に、Javaのプログラムの例を示します。実行結果は、「品物Eを選んで、価値の合計が650円」になります。最適な解は、「品物Dと品物Bを選んで、価値の合計が800円」なので、それなりによい解が得られています。

Java
KnapsackGreedy.java

```java
public class KnapsackGreedy {
  public static void main(String[] args) {
    final int KNAP_MAX = 6; // ナップサックの耐重量
    final int ITEM_NUM = 5; // 品物の種類
    int totalWeight = 0;    // 重量の合計
    int totalValue = 0;     // 価値の合計

    // 品物の情報（価値の大きい順にソート済み）
    char[] name = { 'E', 'D', 'C', 'B', 'A' };
    int[] weight = { 5, 4, 3, 2, 1 };
    int[] value = { 650, 500, 350, 300, 100};

    for (int i = 0; i < ITEM_NUM; i++) {
      if (totalWeight + weight[i] <= KNAP_MAX) {
        System.out.printf("品物%cを選ぶ。¥n", name[i]);
        totalWeight += weight[i];
        totalValue += value[i];
      }
      else {
        break;
      }
    }
    System.out.printf("重量の合計値 = %dkg¥n", totalWeight);
    System.out.printf("価値の合計値 = %d円¥n", totalValue);
  }
}
```

第10章

遺伝的アルゴリズムとナップサック問題

いよいよ最後の章です。ここでは、これまでの章とはガラリと趣を変えて、とても奇抜なアルゴリズムを紹介します。生物の遺伝をコンピュータでシミュレーションして最適化問題を解く「遺伝的アルゴリズム」です。最適化問題とは、与えられた条件における最もよい解を得るものです。第9章で取り上げたナップサック問題は、最適化問題の一種です。この章では、第9章と同じ条件のナップサック問題を例として、遺伝的アルゴリズムの仕組みを説明します。遺伝的アルゴリズムを経験することによって、コンピュータとプログラムを活用するアイディアが大きく広がるはずです。ただし、そのアイディアを具現化するには、自らアルゴリズムを考える必要があります。それは難しいことですが、楽しいことでもあります。「アルゴリズムを考えることは楽しい！」という気持ちで、本書の学習をしめくくりましょう。

第10章 遺伝的アルゴリズムとナップサック問題

10-1 遺伝的アルゴリズムでナップサック問題を解く仕組み

Point 遺伝子の進化をシミュレーションする
Point 適応度、交叉、突然変異

10-1-1 遺伝的アルゴリズムの手順

> **ここがPoint**
> 遺伝的アルゴリズム（GA）は、生物の遺伝子が、環境への適応度に応じて進化していく様子をコンピュータでシミュレーションするものである

「**遺伝的アルゴリズム（Genetic Algorithm、GAと略されることもある）**」は、これまでに説明してきたアルゴリズムと比べて、とても奇抜なものです。ランダムに生成した複数の解の候補を「**遺伝子（gene）**」の「**個体（individual）**」群に見立て、「**適応度（fitness）**」に応じて、「**淘汰（select）**」「**交叉（crossover）**」「**突然変異（mutate）**」による「**進化（evolution）**」を繰り返します。つまり、生物の遺伝子が、環境への適応度に応じて進化していく様子をコンピュータでシミュレーションするのです。ここで、様々な用語を英語でも示しているのは、この章の後半で説明するJavaのプログラムで、それらの英語をフィールド名やメソッド名として使っているからです。

> **ここがPoint**
> 進化によって何世代かが経過した後で、最も適応度の高い個体を解とする

進化によって「**何世代（generation）**」かが経過した後で、最も適応度の高い個体を解とします。常に正しい解が得られるとは限りませんが、多くの場合に、正しい解に近い値が得られます。遺伝的アルゴリズムには、いくつかの技法があります。ここでは、以下に示したシンプルな手順の遺伝的アルゴリズムで、第9章と同じ条件のナップサック問題を解きます。

10-1 遺伝的アルゴリズムでナップサック問題を解く仕組み

遺伝的アルゴリズムの手順

① 初期の個体をランダムに8個生成する
② 個体の適応度を計算する
③ 適応度の大きい順にソートする
④ 適応度の下位50%を淘汰するため、上位50%を下位50%にコピーする
⑤ コピーされた下位50%で交叉と突然変異を行う
⑥ 指定された世代まで、②〜⑤を繰り返す
⑦ 適応度が最も大きい個体を解とする

ナップサック問題における5つの品物を選ぶ／選ばないのパターンを遺伝子に見立てます。そのパターンにおける品物の価値の合計を適応度とします。したがって、最も適応度が高いパターンが解になります。ただし、ナップサックの耐重量を超えている場合は、適応度を0にします。1つの遺伝子は、以下のように要素数5個の配列で表します。それぞれの要素の値は、A、B、C、D、Eの5つの品物を選ぶかどうかを示します。値が1なら選び、0なら選びません。

1つの遺伝子を表す要素数5個の配列の例

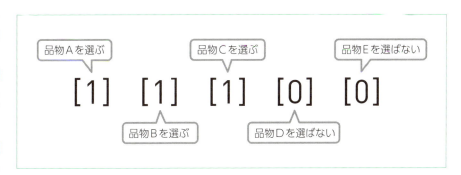

ここがPoint
淘汰とは、適応度の低い遺伝子を削除することである

ここがPoint
交叉とは、適応度の高い2つの遺伝子のパターンを部分的に交換することである

ここがPoint
突然変異とは、適応度の高い遺伝子のパターンの一部をランダムに変化させることである

ここがPoint
淘汰、交叉、突然変異の繰り返しの回数が、世代に相当する

聞き慣れない言葉が数多く出てきたと思いますので、意味を説明しておきましょう。淘汰とは、適応度の低い遺伝子を削除することです。交叉とは、適応度の高い2つの遺伝子のパターン（配列の要素の値）を部分的に交換することです。突然変異とは、適応度の高い遺伝子のパターンの一部をランダムに変化させることです。これらを繰り返せば、適応度の高い遺伝子だけが生き残るはずです。繰り返しの回数が、世代に相当します。

10-1-2 遺伝的アルゴリズムの仕組みを説明するプログラム

　この章では、遺伝的アルゴリズムでナップサック問題を解くJavaのプログラム（KnapsackGA.java）を作ります。このプログラムを実行すると、遺伝子が進化していく様子が表示されるようになっているので、遺伝的アルゴリズムの仕組みを知ることができます。プログラムの内容は、この章の後半で説明しますので、先にプログラムの実行結果と照らし合わせながら、遺伝的アルゴリズムの仕組みを説明します。

　プログラムを実行すると、「最大の世代 = 」と表示されるので、とりあえず「3」を入力してみましょう。これによって、第1世代～第3世代まで、遺伝子の個体の進化が表示されます。以下は、初期状態の第1世代です。乱数を使っているので、実行結果はプログラムを起動するごとに異なります。

プログラムの実行結果の例（第1世代）

```
C:\gihyo>java KnapsackGA
最大の世代 = 3

＜第1世代＞

遺伝子              重量     価値     適応度
[1][1][1][0][0]     6kg      750円    750
[0][1][1][0][0]     5kg      650円    650
[0][0][0][1][0]     4kg      500円    500
[1][1][0][1][0]     7kg      900円    0
[0][0][1][1][0]     7kg      850円    0
[1][0][0][1][1]     10kg     1250円   0
[1][0][1][1][0]     8kg      950円    0
[1][1][1][1][1]     15kg     1900円   0
```

「遺伝子」と示された部分に、横に並んだ[1][1][1][0][0]や[0][1][1][0][0]などの要素数5個の配列が、1つの遺伝子を表しています。この配列が縦に8個あり、遺伝子の8つの個体を表しています。これらの個体のパターンは、ランダムに生成したものです。初期状態では、ランダムな遺伝子が8つあるのです。8つというのは、適当に決めた値です。これら8つの遺伝子の間で、淘汰や交叉が行われます。突然変異を起こす遺伝子もあります。

先ほども説明したように、1つの遺伝子を表す要素数5個の配列の要素は、先頭から順に品物A、B、C、D、Eに対応していて、要素の値が1なら品物を選び、0なら品物を選びません。たとえば、[1][1][1][0][0]は、品物A、B、Cを選び、品物D、Eを選びません。「重量」「価値」「適応度」は、それぞれの個体のパターンで示された品物をナップサックに入れたときの合計の重量、合計の価値、適応度です。適応度の高い順にソートして、8つの個体を表示しています。ソートしているのは、適応度の低い遺伝子を淘汰するためです。

遺伝子のパターンから「重量」「価値」「適応度」を得る

第1世代から第2世代に変わるとき、適応度の下位50%が淘汰されます。具体的には、ソートされた上位4つの配列の内容を、下位4つの配列に上書きコピーします。その後で、下位4つの配列に対して、交叉と突然変異を行います。これによって、より適応度の高い個体に進化することが期待されます（ただし、適応度が低くなることもあります）。

第10章 遺伝的アルゴリズムとナップサック問題

世代が変わるときに淘汰、交叉、突然変異が行われる

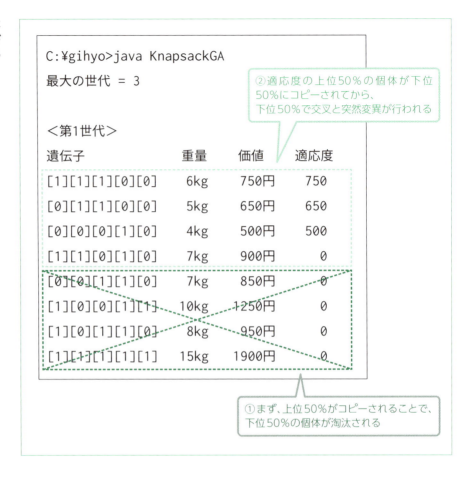

第1世代から第2世代にプログラムの実行が進むと、どの部分で交叉と突然変異が行われたかが示されてから、第2世代の個体が表示されます。たとえば、「個体4と個体5を2の位置で交叉しました。」は、個体4と個体5の配列の2番目以降の要素を交換したという意味です。「個体5の0の位置で突然変異しました。」は、個体5の配列の0番目の要素の値を反転させた（0なら1に、1なら0にした）という意味です。この例では、淘汰、交叉、突然変異によって、第1世代より第2世代の方が、適応度の高い個体が多くなっています。

プログラムの
実行結果の例
（第2世代）

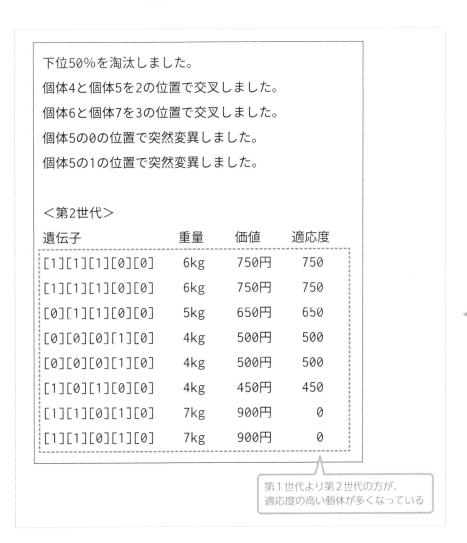

　以下は、さらにプログラムの実行が進んで、第2世代から第3世代に進化したときの個体です。プログラムの起動時に最大の世代を「3」に設定したので、この時点で最も適応度の高い[0][1][0][1][0]という個体を最終的な解とします。[0][1][0][1][0]は、品物BとDを選ぶことを意味しています。ここでは、運よく最適な解（第9章の動的計画法で求めたものと同じ解）が得られました。

第10章 遺伝的アルゴリズムとナップサック問題

プログラムの
実行結果の例
(第3世代)

```
下位50%を淘汰しました。
個体4と個体5を1の位置で交叉しました。
個体6と個体7を2の位置で交叉しました。
個体4の3の位置で突然変異しました。
個体7の0の位置で突然変異しました。
個体7の3の位置で突然変異しました。

<第3世代>

遺伝子              重量      価値      適応度
[0][1][0][1][0]    6kg      800円     800
[1][1][1][0][0]    6kg      750円     750
[1][1][1][0][0]    6kg      750円     750
[1][1][1][0][0]    6kg      750円     750
[0][1][1][0][0]    5kg      650円     650
[0][0][0][1][0]    4kg      500円     500
[1][1][1][1][0]    10kg     1250円    0
[1][0][1][1][0]    8kg      950円     0

<ナップサックに入っている品物を表示する>
B, 2kg, 300円
D, 4kg, 500円

<解を表示する>
重量の合計値 = 6kg
価値の最大値 = 800円
```

最も適応度の高い個体を最終的な解とする

10-1-3 遺伝的アルゴリズムの仕組みを説明するプログラムの概要

　遺伝的アルゴリズムでナップサック問題を解くJavaのプログラムを作る前に、プログラムの概要を擬似言語で示しておきます。以下は、Javaのプログラムの

10-1　遺伝的アルゴリズムでナップサック問題を解く仕組み

mainメソッドの内容を擬似言語で示したものです。キー入力で指定された世代の数だけ、淘汰、交叉、突然変異を繰り返し、それぞれの世代における個体の内容を表示します。この繰り返しが終わったら、その時点で最も適応度の高い個体をナップサック問題の解として表示します。ここでは、変数や関数を示さずに、文章で処理内容を示しています。

擬似言語

```
/* プログラムの実行開始位置となるmainメソッド（ここから）*/
○main
・最大の世代をキー入力する
・ランダムに第1世代の個体を8つ生成する
・適応度を計算する
・適応度の大きい順にソートする
・個体の内容を表示する
・世代を1つ進める
    ■最大の世代以下である限り繰り返す
    ・適応度の大きい順にソートする
    ・上位50%の個体を下位50%にコピーして、下位50%を淘汰する
    ・下位50%にコピーした個体で交叉を行う
    ・下位50%にコピーした個体で突然変異を行う
    ・適応度を計算する
    ・適応度の大きい順にソートする
    ・個体の内容を表示する
    ・世代を1つ進める
    ■
・最も適応度の高い個体をナップサック問題の解として表示する
/* プログラムの実行開始位置となるmainメソッド（ここまで）*/
```

Quiz　遺伝的アルゴリズムがどこに使われている？

2007年7月1日にデビューしたN700系新幹線は、従来の700系から大幅なスピードアップを実現しています。N700系新幹線の設計では、トンネルにおける騒音を抑えるために遺伝的アルゴリズムが活用されています。どの部分の設計でしょうか。

解答は 283ページ にあります。

10-2 遺伝的アルゴリズムでナップサック問題を解くプログラムの作成

Point プログラムを構成するフィールドの役割
Point プログラムを構成するメソッドの機能

10-2-1 プログラムを構成するフィールドの役割

　ここでは、遺伝的アルゴリズムでナップサック問題を解くJavaのプログラムを、KnapsackGA.javaというファイル名で作成します。このプログラムでは、KnapsackGAクラスの中に、複数のフィールドと複数のメソッドがあります。かなり長いプログラムなので、フィールドとメソッドに分けて、それぞれの役割と機能を説明しておきましょう。プログラム全体は、この章の最後で示します。まず、フィールドの役割です。

フィールド
```java
public static final int KNAP_MAX = 6;   // ナップサックの耐重量
public static final int ITEM_NUM = 5;   // 品物の種類
```

　ナップサックの耐重量の6kgをKNAP_MAX、品物の種類の5個をITEM_NUMで表しています。もしも、この例とは異なる条件の問題を解きたい場合には、これらの値を変えてください。

フィールド
```java
public static final int IND_NUM = 8;              // 個体の数
public static final double MUTATE_RATE = 0.1; // 突然変異する確率（10%）
```

　遺伝子の個体の数を適当に8つと決めて、IND_NUMで表しています。突然変異する確率も適当に0.1（10%）と決めて、MUTATE_RATEで表しています。

フィールド
```java
public static char[] itemName = { 'A', 'B', 'C', 'D', 'E' };    // 品物の名称
public static int[] itemWeight = { 1, 2, 3, 4, 5 };              // 品物の重量
public static int[] itemValue = { 100, 300, 350, 500, 650 };    // 品物の価値
```

10-2　遺伝的アルゴリズムでナップサック問題を解くプログラムの作成

配列itemName、配列itemWeight、配列itemValueには、それぞれ品物の名称、重量、価値が格納されています。

フィールド

```
public static int indGeneration;                              // 個体の世代
public static int[][] indGene = new int[IND_NUM][ITEM_NUM];   // 個体の遺伝子
public static int[] indWeight = new int[IND_NUM];             // 個体の重量
public static int[] indValue = new int[IND_NUM];              // 個体の価値
public static int[] indFitness = new int[IND_NUM];            // 個体の適応度
```

indGenerationには、プログラムの起動時にキー入力で指定された世代数が格納されます。配列indGeneは、要素数5個の遺伝子が8つあることを、8×5の2次元配列で表しています。配列の添え字は、indGene[8つの個体を区別する添え字][5つの品物を指す添え字]を意味します。8つの個体の重量、価値、適応度は、世代ごとに計算され、要素数8個の配列indWeight、indValue、indFitnessに格納されます。

10-2-2 プログラムを構成するメソッドの機能

次に、KnapsackGAクラスの中にあるメソッドの機能を説明します。これまでの章で学んだ基本的なアルゴリズムが応用されている部分もあります。長いプログラムの内容は、基本的なアルゴリズムを組み合わせて作られているのです。**基本的なアルゴリズムをしっかりマスターしていれば、長いプログラムも作れるようになります。**

ここがPoint
基本的なアルゴリズムをしっかりマスターしていれば、長いプログラムも作れるようになる

メソッド

```
// 個体をランダムに生成するメソッド
public static void createIndividual() {
  int ind, item; // ループカウンタ

  // 0か1をランダムに格納する
  for (ind = 0; ind < IND_NUM; ind++) {
    for (item = 0; item < ITEM_NUM; item++) {
      indGene[ind][item] = Math.random() > 0.5 ? 0 : 1;
    }
  }
}
```

8つの個体をランダムに生成し、その結果を2次元配列indGeneに格納します。Javaが提供しているMath.random( )は、0〜0.9999……の範囲の乱数を返します。ここでは、Math.random( )の戻り値が0.5より大きければ0（品物を選ばない）、そうでなければ1（品物を選ぶ）を配列indGeneに格納しています。したがって、品物を選ぶかどうかが50％のランダムな遺伝子が生成されます。

メソッド

```
// 個体の重量、価値、適応度を計算するメソッド
public static void calcIndividual() {
  int ind, item; // ループカウンタ

  for (ind = 0; ind < IND_NUM; ind++) {
    // 重量と価値を計算する
    indWeight[ind] = 0;
    indValue[ind] = 0;
    for (item = 0; item < ITEM_NUM; item++) {
      if (indGene[ind][item] == 1) {
        indWeight[ind] += itemWeight[item];
        indValue[ind] += itemValue[item];
      }
    }

    // 適応度を計算する
    if (indWeight[ind] <= KNAP_MAX) {
      // 耐重量以下なら、価値をそのまま適応度とする
      indFitness[ind] = indValue[ind];
    }
    else {
      // 耐重量を超えているなら、適応度を0とする
      indFitness[ind] = 0;
    }
  }
}
```

8つの個体の重量、価値、適応度を計算し、その結果を配列indWeight、indValue、indFitnessに格納します。耐重量以下なら、価値をそのまま適応度とし、耐重量を超えているなら適応度を0としています。

メソッド

```
// 個体の情報を表示するメソッド
public static void showIndividual() {
  int ind, item; // ループカウンタ

  // 世代を表示する
  System.out.printf("\n＜第%d世代＞\n", indGeneration);
```

10-2 遺伝的アルゴリズムでナップサック問題を解くプログラムの作成

```java
    // 遺伝子、重量、価値、適応度を表示する
    System.out.printf("遺伝子¥t¥t重量¥t価値¥t適応度¥n");
    for (ind = 0; ind < IND_NUM; ind++) {
      for (item = 0; item < ITEM_NUM; item++) {
        System.out.printf("[%d]", indGene[ind][item]);
      }
      System.out.printf("¥t%2dkg¥t%4d円¥t%4d¥n",
        indWeight[ind], indValue[ind], indFitness[ind]);
    }
    System.out.printf("¥n");
  }
```

現在の世代、遺伝子のパターン（5つの要素の値）、重量、価値、適応度を表示します。このメソッドによって、遺伝子が進化していく要素を確認できます。

メソッド

```java
  // 個体を適応度の大きい順にソートするメソッド
  public static void sortIndividual() {
    int pos;   // 挿入する要素
    int ins;   // 挿入する位置
    int item;  // ループカウンタ
    int tmp;   // 一時的に値を逃がす変数

    // 挿入法でソートする
    for (pos = 1; pos < IND_NUM; pos++) {
      ins = pos;
      while (ins >= 1 && indFitness[ins - 1] < indFitness[ins]) {
        for (item = 0; item < ITEM_NUM; item++) {
          tmp = indGene[ins - 1][item];
          indGene[ins - 1][item] = indGene[ins][item];
          indGene[ins][item] = tmp;
        }

        tmp = indWeight[ins - 1];
        indWeight[ins - 1] = indWeight[ins];
        indWeight[ins] = tmp;

        tmp = indValue[ins - 1];
        indValue[ins - 1] = indValue[ins];
        indValue[ins] = tmp;

        tmp = indFitness[ins - 1];
        indFitness[ins - 1] = indFitness[ins];
        indFitness[ins] = tmp;

        ins--;
```

```
      }
    }
  }
```

適応度の大きい順に個体（配列indGene）をソートします。ここでは、第4章で説明した挿入法のアルゴリズムを使っています。

メソッド
```
// 淘汰するメソッド
public static void selectIndividual() {
  int ind, item; // ループカウンタ

  // 適応度の上位50%を下位50%にコピーする（下位50%を淘汰する）
  for (ind = 0; ind < IND_NUM / 2; ind++) {
    for (item = 0; item < ITEM_NUM; item++) {
      indGene[ind + IND_NUM / 2][item] = indGene[ind][item];
    }
  }
  System.out.printf("下位50%%を淘汰しました。¥n");
}
```

適応度の上位50％の個体（indGene[0〜3][0〜4]）を下位50％の個体（indGene[4〜7][0〜4]）に上書きコピーすることで、下位50％の個体を淘汰します。

メソッド
```
// 交叉するメソッド
public static void crossoverIndividual() {
  int ind, item;   // ループカウンタ
  int crossoverPoint;  // 交叉する位置
  int tmp;     // 一時的に値を逃がす変数

  // 下位50%にコピーした個体を対象とする
  for (ind = IND_NUM / 2; ind < (IND_NUM - 1); ind += 2) {
    // 交叉する位置をランダムに決める
    crossoverPoint = (int)(Math.random() * 10000) % (ITEM_NUM - 1) + 1;
    for (item = crossoverPoint; item < ITEM_NUM; item++) {
      // 隣の個体と交差する
      tmp = indGene[ind][item];
      indGene[ind][item] = indGene[ind + 1][item];
      indGene[ind + 1][item] = tmp;
    }
    System.out.printf("個体%%dと個体%%dを%%dの位置で交叉しました。¥n",
      ind, ind + 1, crossoverPoint);
  }
}
```

10-2 遺伝的アルゴリズムでナップサック問題を解くプログラムの作成

下位50％にコピーした個体を対象として、ランダムな位置で交叉を行います。crossoverPoint = (int)(Math.random( ) * 10000) % (ITEM_NUM – 1) + 1; で、乱数で得た位置をcrossoverPointに格納しています。交叉には、いくつかの形式がありますが、ここでは、crossoverPointから末尾までの要素を交換しています。

メソッド
```java
// 突然変異するメソッド
public static void mutateIndividual() {
  int ind, item; // ループカウンタ

  // 下位50%にコピーした個体を対象とする
  for (ind = IND_NUM / 2; ind < IND_NUM; ind++) {
    for (item = 0; item < ITEM_NUM; item++) {
      // あらかじめ決められた確率で突然変異する
      if (Math.random() <= MUTATE_RATE) {
        // 反転する
        indGene[ind][item] ^= 1;
        System.out.printf("個体%dの%dの位置で突然変異しました。¥n",
        ind, item);
      }
    }
  }
}
```

下位50％にコピーした個体を対象として、MUTATE_RATE（10％）の確率で、ランダムな位置を反転します。これは、突然変異を実現する処理です。

メソッド
```java
// プログラムの実行開始位置となるmainメソッド
public static void main(String[] args) {
  int genMax; // 最大の世代
  int item;   // ループカウンタ

  // 最大の世代をキー入力する
  Scanner scn = new Scanner(System.in);
  System.out.printf("最大の世代 = ");
  genMax = scn.nextInt();

  // 第1世代の個体を生成する
  indGeneration = 1;
  createIndividual();

  // 適応度を計算する
  calcIndividual();
```

```
    // 適応度が大きい順にソートする
    sortIndividual();

    // 個体を表示する
    showIndividual();

    // 1世代ずつ進化させる
    indGeneration++;
    while (indGeneration <= genMax) {
      // 適応度が大きい順にソートする
      sortIndividual();

      // 淘汰する
      selectIndividual();

      // 交叉する
      crossoverIndividual();

      // 突然変異する
      mutateIndividual();

      // 適応度を計算する
      calcIndividual();

      // 適応度が大きい順にソートする
      sortIndividual();

      // 個体を表示する
      showIndividual();

      // 世代を進める
      indGeneration++;
    }

    // 最も適応度の高い個体を解として表示する
    System.out.printf("＜ナップサックに入っている品物を表示する＞¥n");
    for (item = 0; item < ITEM_NUM; item++) {
      if (indGene[0][item] == 1) {
        System.out.printf("%c, %dkg, %d円¥n",
          itemName[item], itemWeight[item], itemValue[item]);
      }
    }
    System.out.printf("¥n＜解を表示する＞¥n");
    System.out.printf("重量の合計値 = %dkg¥n", indWeight[0]);
    System.out.printf("価値の最大値 = %d円¥n", indValue[0]);
  }
```

プログラムの実行開始位置となるmainメソッドでは、キー入力で指定された世代の数だけ、淘汰、交叉、突然変異を行うメソッドの呼び出しを繰り返し、それぞれの世代における個体の内容を表示します。この繰り返しが終わったら、その時点で最も適応度の高い個体をナップサック問題の解として表示します。

10-2-3 プログラム全体

最後に、プログラム全体を示します。もしも遺伝的アルゴリズムを応用する新たなテーマを思いついたら、このプログラムを参考にして、オリジナルのプログラムを作ってください。このプログラムを含め、本書に掲載しているすべてのプログラムは、技術評論社のWebサイト (https://gihyo.jp/book/2019/978-4-297-10394-1/support) から入手できます。Javaのプログラムと同じ機能のC言語のプログラムも入手できます。

Java
KnapsackGA.java

```java
import java.util.Scanner;

public class KnapsackGA {
  public static final int KNAP_MAX = 6;         // ナップサックの耐重量
  public static final int ITEM_NUM = 5;         // 品物の種類

  public static final int IND_NUM = 8;          // 個体の数
  public static final double MUTATE_RATE = 0.1; // 突然変異する確率（10%）

  public static char[] itemName = { 'A', 'B', 'C', 'D', 'E' }; // 品物の名称
  public static int[] itemWeight = { 1, 2, 3, 4, 5 };          // 品物の重量
  public static int[] itemValue = { 100, 300, 350, 500, 650 }; // 品物の価値

  public static int indGeneration;                              // 個体の世代
  public static int[][] indGene = new int[IND_NUM][ITEM_NUM];   // 個体の遺伝子
  public static int[] indWeight = new int[IND_NUM];             // 個体の重量
  public static int[] indValue = new int[IND_NUM];              // 個体の価値
  public static int[] indFitness = new int[IND_NUM];            // 個体の適応度

  // 個体をランダムに生成するメソッド
  public static void createIndividual() {
    int ind, item; // ループカウンタ

    // 0か1をランダムに格納する
```

第10章 遺伝的アルゴリズムとナップサック問題

```java
      for (ind = 0; ind < IND_NUM; ind++) {
        for (item = 0; item < ITEM_NUM; item++) {
          indGene[ind][item] = Math.random() > 0.5 ? 0 : 1;
        }
      }
    }

    // 個体の重量、価値、適応度を計算するメソッド
    public static void calcIndividual() {
      int ind, item; // ループカウンタ

      for (ind = 0; ind < IND_NUM; ind++) {
        // 重量と価値を計算する
        indWeight[ind] = 0;
        indValue[ind] = 0;
        for (item = 0; item < ITEM_NUM; item++) {
          if (indGene[ind][item] == 1) {
            indWeight[ind] += itemWeight[item];
            indValue[ind] += itemValue[item];
          }
        }

        // 適応度を計算する
        if (indWeight[ind] <= KNAP_MAX) {
          // 耐重量以下なら、価値をそのまま適応度とする
          indFitness[ind] = indValue[ind];
        }
        else {
          // 耐重量を超えているなら、適応度を0とする
          indFitness[ind] = 0;
        }
      }
    }

    // 個体の情報を表示するメソッド
    public static void showIndividual() {
      int ind, item; // ループカウンタ

      // 世代を表示する
      System.out.printf("\n<第%d世代>\n", indGeneration);

      // 遺伝子、重量、価値、適応度を表示する
      System.out.printf("遺伝子\t\t重量\t価値\t適応度\n");
      for (ind = 0; ind < IND_NUM; ind++) {
        for (item = 0; item < ITEM_NUM; item++) {
          System.out.printf("[%d]", indGene[ind][item]);
```

```java
      }
      System.out.printf("\t%2dkg\t%4d円\t%4d\n",
        indWeight[ind], indValue[ind],
        indFitness[ind]);
    }
    System.out.printf("\n");
  }

  // 個体を適応度の大きい順にソートするメソッド
  public static void sortIndividual() {
    int pos;  // 挿入する要素
    int ins;  // 挿入する位置
    int item; // ループカウンタ
    int tmp;  // 一時的に値を逃がす変数

    // 挿入法でソートする
    for (pos = 1; pos < IND_NUM; pos++) {
      ins = pos;
      while (ins >= 1 && indFitness[ins - 1] < indFitness[ins]) {
        for (item = 0; item < ITEM_NUM; item++) {
          tmp = indGene[ins - 1][item];
          indGene[ins - 1][item] = indGene[ins][item];
          indGene[ins][item] = tmp;
        }

        tmp = indWeight[ins - 1];
        indWeight[ins - 1] = indWeight[ins];
        indWeight[ins] = tmp;

        tmp = indValue[ins - 1];
        indValue[ins - 1] = indValue[ins];
        indValue[ins] = tmp;

        tmp = indFitness[ins - 1];
        indFitness[ins - 1] = indFitness[ins];
        indFitness[ins] = tmp;

        ins--;
      }
    }
  }

  // 淘汰するメソッド
  public static void selectIndividual() {
    int ind, item; // ループカウンタ
```

```
    // 適応度の上位50%を下位50%にコピーする（下位50%を淘汰する）
    for (ind = 0; ind < IND_NUM / 2; ind++) {
      for (item = 0; item < ITEM_NUM; item++) {
        indGene[ind + IND_NUM / 2][item] = indGene[ind][item];
      }
    }
    System.out.printf("下位50%を淘汰しました。¥n");
  }

  // 交叉するメソッド
  public static void crossoverIndividual() {
    int ind, item;   // ループカウンタ
    int crossoverPoint; // 交叉する位置
    int tmp; // 一時的に値を逃がす変数

    // 下位50%にコピーした個体を対象とする
    for (ind = IND_NUM / 2; ind < (IND_NUM - 1); ind += 2) {
      // 交叉する位置をランダムに決める
      crossoverPoint = (int)(Math.random() * 10000) % (ITEM_NUM - 1) 
      + 1;
      for (item = crossoverPoint; item < ITEM_NUM; item++) {
        // 隣の個体と交差する
        tmp = indGene[ind][item];
        indGene[ind][item] = indGene[ind + 1][item];
        indGene[ind + 1][item] = tmp;
      }
      System.out.printf("個体%dと個体%dを%dの位置で交叉しました。¥n",
      ind, ind + 1, crossoverPoint);
    }
  }

  // 突然変異するメソッド
  public static void mutateIndividual() {
    int ind, item; // ループカウンタ

    // 下位50%にコピーした個体を対象とする
    for (ind = IND_NUM / 2; ind < IND_NUM; ind++) {
      for (item = 0; item < ITEM_NUM; item++) {
        // あらかじめ決められた確率で突然変異する
        if (Math.random() <= MUTATE_RATE) {
          // 反転する
          indGene[ind][item] ^= 1;
          System.out.printf("個体%dの%dの位置で突然変異しました。¥n",
          ind, item);
        }
      }
```

```java
    }
}

// プログラムの実行開始位置となるmainメソッド
public static void main(String[] args) {
  int genMax; // 最大の世代
  int item;   // ループカウンタ

  // 最大の世代をキー入力する
  Scanner scn = new Scanner(System.in);
  System.out.printf("最大の世代 = ");
  genMax = scn.nextInt();

  // 第1世代の個体を生成する
  indGeneration = 1;
  createIndividual();

  // 適応度を計算する
  calcIndividual();

  // 適応度が大きい順にソートする
  sortIndividual();

  // 個体を表示する
  showIndividual();

  // 1世代ずつ進化させる
  indGeneration++;
  while (indGeneration <= genMax) {
    // 適応度が大きい順にソートする
    sortIndividual();

    // 淘汰する
    selectIndividual();

    // 交叉する
    crossoverIndividual();

    // 突然変異する
    mutateIndividual();

    // 適応度を計算する
    calcIndividual();

    // 適応度が大きい順にソートする
    sortIndividual();
```

```
      // 個体を表示する
      showIndividual();

      // 世代を進める
      indGeneration++;
    }

    // 最も適応度の高い個体を解として表示する
    System.out.printf("＜ナップサックに入っている品物を表示する＞\n");
    for (item = 0; item < ITEM_NUM; item++) {
      if (indGene[0][item] == 1) {
        System.out.printf("%c, %dkg, %d円\n",
          itemName[item], itemWeight[item], itemValue[item]);
      }
    }
    System.out.printf("\n＜解を表示する＞\n");
    System.out.printf("重量の合計値 = %dkg\n", indWeight[0]);
    System.out.printf("価値の最大値 = %d円\n", indValue[0]);
  }
}
```

確認問題

Q1 以下の説明が正しければ○を、正しくなければ×を付けてください。

(1) 遺伝的アルゴリズムを使うと、常に最適な解が得られる
(2) 淘汰とは、適応度の高い遺伝子を削除することである
(3) 交叉とは、適応度の高い2つの遺伝子のパターンを交換することである
(4) 突然変異とは、適応度の高い遺伝子のパターンをランダムに変化させることである
(5) 最後の世代において、最も適応度の高い遺伝子のパターンを解とする

Q2 以下は、遺伝的アルゴリズムでナップサック問題を解く擬似言語のプログラムの概要です。空欄に適切な語句や文章を記入してください。

```
○main
・最大の世代をキー入力する
・ランダムに第1世代の個体を8つ生成する
・適応度を計算する
・適応度の大きい順にソートする
・個体の内容を表示する
・世代を1つ進める
■  最大の世代以下である限り繰り返す
  ・［    (1)    ］の大きい順にソートする
  ・上位50%の個体を下位50%にコピーして、下位50%を［   (2)   ］する
  ・下位50%にコピーした個体で交叉を行う
  ・下位50%にコピーした個体で突然変異を行う
  ・適応度を計算する
  ・適応度の大きい順にソートする
  ・個体の内容を表示する
  ・［    (3)    ］
■
```

解答は **285ページ** にあります。

COLUMN
プログラミングコンテストの問題に挑戦

　世界各国や日本国内で開催されている様々なプログラミングコンテストの中には、アルゴリズムを考える能力を競うものが数多くあります。本書の学習を終了した皆さんにおすすめのコンテストを2つ紹介しましょう。実際のコンテストに参加しなくても、Webページで公開されている過去問題に挑戦できます。

● 国際情報オリンピック
　世界各国の情報オリンピック委員会によって開催されているコンテストで、世界中の高校3年生までを対象にしています。過去問題を日本語化したものは、https://www.ioi-jp.org/joi/problem_archive-light.html から入手できます。

● パソコン甲子園
　会津大学、福島県、全国高等学校パソコンコンクール実行委員会によって開催されているコンテストで、日本国内の高校生と高等専門学校の3年生までを対象にしています。過去問題は、パソコン甲子園のWebページ (https://web-ext.u-aizu.ac.jp/pc-concours/index.html) から、「プログラミング部門」→「過去問」とたどることで入手できます。以下は、パソコン甲子園2017の予選問題から一部を抜粋したものです。過去問のページには、解法と解答例も用意されています。この問題は、とても簡単かもしれませんが、問題の番号が大きくなるほど、どんどん難しくなり、配点も大きくなります。

問題1　お年玉　(3点)

　兄弟であるA君とB君は、毎年それぞれお年玉をもらっています。とても仲の良い2人は、2人のお年玉を足し合わせて半分ずつに分けています。2人がもらうお年玉の金額は、それぞれ1000の倍数です。

課題
A君とB君がもらった金額が与えられたとき、1人当たりが得る金額を出力するプログラムを作成せよ。

入力例　　　**出力例**
1000 3000　　2000

付録

基本情報技術者試験の問題で腕試ししてみよう

ここでは、本書の読後の腕試しとして、ぜひ挑戦してもらいたい基本情報技術者試験の過去問題を紹介します。基本情報技術者試験は、午前試験と午後試験から構成されていて、午後試験の必須問題としてアルゴリズムが出題されます。問題に示されるプログラムは、本書で使っているのと同じ擬似言語で記述されています。2問を掲載しましたので、1問あたり30分を目安にして解いてください。実際の試験では、午前試験と午後試験の両方が、100点満点で60点以上を合格としているので、ここでも設問の60％以上が正解なら合格としましょう。

> 付録　基本情報技術者試験の問題で腕試ししてみよう

平成30年度 春期　午後 問8「ヒープの性質を利用したデータの整列」

問8　次のプログラムの説明及びプログラムを読んで，設問1，2に答えよ。

　　ヒープの性質を利用して，データを昇順に整列するアルゴリズムを考える。ヒープは二分木であり，本問では，親は一つ又は二つの子をもち，親の値は子の値よりも常に大きいか等しいという性質をもつものとする。ヒープの例を図1に示す。図1において，丸は節を，丸の中の数値は各節が保持する値を表す。子をもつ節を，その子に対する親と呼ぶ。親をもたない節を根と呼び，根は最大の値をもつ。

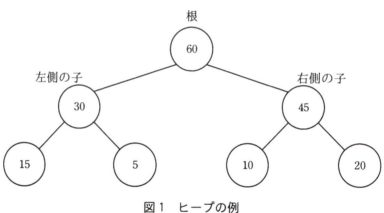

図1　ヒープの例

〔プログラム1の説明〕
(1) 配列の要素番号は，0から始まる。
(2) 副プログラムmakeHeapは，整数型の1次元配列dataに格納されているhnum個（hnum > 0）のデータを，次の①～③の規則で整数型の1次元配列heapに格納して，ヒープを配列で実現する。この状態を，"配列heapは，ヒープの性質を満たしている"という。
　① 配列要素heap[i]（i = 0, 1, 2, …）は，節に対応する。配列要素heap[i]には，節が保持する値を格納する。
　② 配列要素heap[0]は，根に対応する。
　③ 配列要素heap[i]（i = 0, 1, 2, …）に対応する節の左側の子は配列要素heap[2×i＋1]に対応し，右側の子は配列要素heap[2×i＋2]に対応する。子が一つの場合，左側の子として扱う。

(3) 図1のヒープの例に対応した配列heapの内容を，図2に示す。

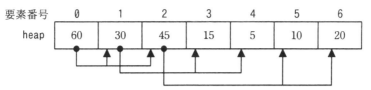

注記　矢印 ●━▶ は，始点，終点の二つの配列要素に対応する節が，親子関係にあることを表す。

図2　図1のヒープの例に対応した配列heapの内容

(4) 親の要素番号と子の要素番号を関係付ける三つの関数がある。
① 整数型：lchild(整数型：i)
　　要素番号iの配列要素に対応する節の左側の子の配列要素の要素番号2×i＋1を計算して返却する。
② 整数型：rchild(整数型：i)
　　要素番号iの配列要素に対応する節の右側の子の配列要素の要素番号2×i＋2を計算して返却する。
③ 整数型：parent(整数型：i)
　　要素番号iの配列要素に対応する節の親の配列要素の要素番号(i－1)÷2(小数点以下切捨て)を計算して返却する。
(5) 副プログラムswapは，二つの配列要素に格納されている値を交換する。
(6) 副プログラムmakeHeapの引数の仕様を表1に，副プログラムswapの引数の仕様を表2に示す。

表1　副プログラム makeHeap の引数の仕様

引数	データ型	入出力	説明
data[]	整数型	入力	データが格納されている1次元配列
heap[]	整数型	出力	ヒープの性質を満たすようにデータを格納する1次元配列
hnum	整数型	入力	データの個数

表2　副プログラム swap の引数の仕様

引数	データ型	入出力	説明
heap[]	整数型	入力／出力	交換対象のデータが格納されている1次元配列
i	整数型	入力	交換対象の要素番号
j	整数型	入力	交換対象の要素番号

〔プログラム1〕

```
○副プログラム: makeHeap( 整数型: data[], 整数型: heap[], 整数型: hnum )
○整数型: i, k
■ i: 0, i ＜ hnum, 1
  ・heap[i] ← data[i]              /* heap にデータを追加 */
  ・k ← i
  ■ k ＞ 0
        a
      ・swap(heap, k,   b   )
      ・k ← parent(k)
      ・break                        /* 内側の繰返し処理から抜ける */


○副プログラム: swap( 整数型: heap[], 整数型: i, 整数型: j )
○整数型: tmp
  ・tmp ← heap[i]
  ・heap[i] ← heap[j]
  ・heap[j] ← tmp
```

設問1　プログラム1中の　　　　　　に入れる正しい答えを，解答群の中から選べ。

aに関する解答群

　ア　heap[k] ＞ heap[lchild(k)]　　　イ　heap[k] ＞ heap[parent(k)]
　ウ　heap[k] ＞ heap[rchild(k)]　　　エ　heap[k] ＜ heap[lchild(k)]
　オ　heap[k] ＜ heap[parent(k)]　　　カ　heap[k] ＜ heap[rchild(k)]

bに関する解答群

　ア　heap[hnum －1]　　　　　　　　イ　heap[k]
　ウ　parent(hnum －1)　　　　　　　　エ　parent(k)

設問2 〔プログラム2の動作〕の記述中の ___ に入れる正しい答えを，解答群の中から選べ。

〔プログラム2の説明〕

(1) 副プログラムheapSortは，最初に副プログラムmakeHeapを使って，配列heapにデータを格納する。配列heapは，整列対象領域と整列済みデータ領域に分かれている（図3参照）。lastは，整列対象領域の最後の配列要素の要素番号を示している。最初は，配列heap全体が整列対象領域であり，このときlastの値はhnum－1である。

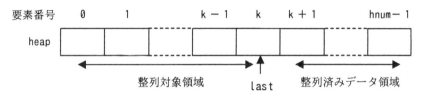

図3　配列heapにおける整列対象領域と整列済みデータ領域

(2) 整列対象領域がヒープの性質を満たすとき，配列要素heap[0]の値は，この領域での最大の値となっている。そこで，配列要素heap[0]の値と配列要素heap[last]の値を交換し，lastの値を1減らして，整列対象領域の範囲を狭め，整列済みデータ領域を広げる。値の交換によって，整列対象領域はヒープの性質を満たさなくなるので，副プログラムdownHeapを使って，整列対象領域のデータがヒープの性質を満たすように再構成する。これを繰り返すことによって，整列済みデータ領域には昇順に整列されたデータが格納されることになる。

(3) 副プログラムheapSortの引数の仕様を表3に，副プログラムheapSortで使用する副プログラムdownHeapの引数の仕様を表4に示す。

表3　副プログラムheapSortの引数の仕様

引数	データ型	入出力	説明
data[]	整数型	入力	整列対象のデータが格納されている1次元配列
heap[]	整数型	出力	整列済みのデータを格納する1次元配列
hnum	整数型	入力	データの個数

付録　基本情報技術者試験の問題で腕試ししてみよう

表4　副プログラム downHeap の引数の仕様

引数	データ型	入出力	説明
heap[]	整数型	入力／出力	整列対象のデータを格納する1次元配列
hlast	整数型	入力	整列対象領域の最後の要素番号

〔プログラム2〕

（行番号）
```
1   ○副プログラム: heapSort( 整数型: data[], 整数型: heap[], 整数型: hnum )
2   ○整数型: last
3   ・makeHeap(data, heap, hnum)               ← α
4   ■ last: hnum−1, last > 0, −1
5   |  ・swap(heap, 0, last)           /* heap[0]とheap[last]の値を交換 */
6   |  ・downHeap(heap, last−1)        /* heap を再構成 */
7   ■
```

（行番号）
```
1    ○副プログラム: downHeap( 整数型: heap[], 整数型: hlast )
2    ○整数型: n, tmp
3    ・n ← 0
4    ■ lchild(n) ≦ hlast
5    |  ・tmp ← lchild(n)
6    |  ▲ rchild(n) ≦ hlast
7    |  |  ▲ heap[tmp] ≦ heap[rchild(n)]
8    |  |  |  ・tmp ← rchild(n)
9    |  |  ▼
10   |  ▼
11   |  ▲ heap[tmp] > heap[n]
12   |  |  ・swap(heap, n, tmp)
13   |  |  ・return                     /* downHeap から抜ける */
14   |  ▼
15   |  ・n ← tmp
16   ■
```

〔プログラム2の動作〕

副プログラムheapSortの行番号3の実行が終了した直後の a における配列heapの内容は，図2のとおりであった。このとき，副プログラムheapSortの行番号4から行番号7までの1回目の繰返し処理について考える。

副プログラムheapSortの行番号5の副プログラムswapの実行が終了した直後の配列要素heap[0]の値は， c となる。このため，配列heapの要素番号0からhnum－2までのデータは，根に対応する配列要素heap[0]が最大の値をもつというヒープの性質を満たさなくなる。

副プログラムheapSortの行番号6で呼び出している副プログラムdownHeapは，配列heapの整列対象領域の要素番号0からhlastまでのデータがヒープの性質を満たすように，その領域のデータを次の手順で再構成する。

(1) 配列要素の値の大きさを比較する際に使用する要素番号をnとし，nの初期値を0とする。
(2) 要素番号nの配列要素に対応する節の左側の子の要素番号をtmpに代入する。要素番号nの子が二つあり（rchild(n) ≦ hlast），右側の子の値が左側の子の値 d ，右側の子の要素番号をtmpに代入する。
(3) 子に対応する配列要素heap[tmp]の値と，その親に対応する配列要素heap[n]の値とを比較し，配列要素heap[tmp]の値が大きければ，配列要素heap[n]の値と配列要素heap[tmp]の値を交換し，tmpを次のnとして(2)に戻る。ここで，副プログラムdownHeapの行番号15において最初にnに代入するtmpの値は， e である。

cに関する解答群
ア 5　　　イ 10　　　ウ 15　　　エ 20

dに関する解答群
ア 以下のときには　　　イ 以上のときには
ウ よりも大きいときには　　　エ よりも小さいときには

eに関する解答群
ア 1　　　イ 2　　　ウ 3
エ 4　　　オ 5　　　カ 6

付録 基本情報技術者試験の問題で腕試ししてみよう

平成30年度 春期　午後 問8の解説と解答

　この問題のテーマとなっているアルゴリズムは、「ヒープ（heap＝堆積物）」と呼ばれるデータ構造を使ってソートを行う「ヒープソート」です。ヒープは、第6章で取り上げた二分探索木と同様に二分木の構造をしていますが、データを配置するルールは、まったく異なります。このヒープでは、子要素の左右に関係なく、子要素より親要素の方が大きいというルールでデータが配置されています（子要素より親要素の方が小さいというルールにするヒープもあります）。これによって根が全体の最大値になるので、根を取り出してヒープを再構築することを繰り返せば、大きい順にデータを取り出せます。この問題では、取り出した要素を配列の末尾の要素と交換することを繰り返して、昇順のソートを実現しています。

設問1　a

　配列heapの末尾に追加されたデータは、そのデータが親より大きい限り、そのデータと親を交換することを繰り返します。したがって、「データ ＞ 親」を意味するheap[k] ＞ heap[parent(k)]が適切です。

設問1　b

　ここでは、heap[k]とheap[parent(k)]の値を交換するので、swap(heap, k, parent(k))という処理が適切です。

設問2　c

　1回目の処理において、last＝6なので、副プログラムswapによって、heap[0]の60と、heap[6]の20が交換されます。したがって、heap[0]の値は20です。

設問2　d

　この説明は、副プログラムdownHeapの7行目のheap[tmp] ≦ heap[rchild(n)]に当てはまります。5行目でtmpにlchild(n)を代入しているので、7行目はheap[lchild(n)] ≦ heap[rchild(n)]と同じです。したがって、「右側の子が左側の子以上のときには」という条件になります。

設問2　e

　1回目の処理において、heap[0]の左側の子はheap[1]＝30であり、右側の子はheap[2]＝45です。これらの値は、「右側の子が左側の子以上のときには」という条件に一致するので、15行目ではtmpに右側の子の要素番号の2が格納されています。

設問1　a－イ、b－エ　　　**設問2**　c－エ、d－イ、e－イ

平成29年度 秋期　午後 問8「文字列の誤りの検出」

問8　次のプログラムの説明及びプログラムを読んで，設問1～4に答えよ。

　文字列の誤りを検出するために，N種類の文字に0，1，…，N－1の整数値を重複なく割り当て，検査文字を生成するプログラムと，元となる文字列の末尾に検査文字を追加した検査文字付文字列を検証するプログラムである。ここで扱う30種類の文字，及び文字に割り当てた数値を，表1に示す。空白文字は"␣"と表記する。

表1　文字，及び文字に割り当てた数値

文字	␣	.	,	?	a	b	c	d	e	f	g	h	i	j	k
数値	0	1	2	3	4	5	6	7	8	9	10	11	12	13	14

文字	l	m	n	o	p	q	r	s	t	u	v	w	x	y	z
数値	15	16	17	18	19	20	21	22	23	24	25	26	27	28	29

〔プログラムの説明〕
　検査文字の生成と検査文字付文字列の検証の手順を示す。
(1) 検査文字の生成
　① 文字列の末尾の文字を1番目の文字とし，文字列の先頭に向かって奇数番目の文字に割り当てた数値を2倍してNで割り，商と余りの和を求め，全て足し合わせる。
　② 偶数番目の文字に割り当てた数値は，そのまま全て足し合わせる。
　③ ①と②の結果を足し合わせる。
　④ Nから，③で求めた総和をNで割った余りを引く。さらにその結果を，Nで割り，余りを求める。求めた数値に対応する文字を検査文字とする。

付録　基本情報技術者試験の問題で腕試ししてみよう

(2) 検査文字付文字列の検証
① 検査文字付文字列の末尾の文字を1番目の文字とし，文字列の先頭に向かって偶数番目の文字に割り当てた数値を2倍してNで割り，商と余りの和を求め，全て足し合わせる。
② 奇数番目の文字に割り当てた数値は，そのまま全て足し合わせる。
③ ①と②の結果を足し合わせる。
④ ③で求めた総和がNで割り切れる場合は，検査文字付文字列に誤りがないと判定する。Nで割り切れない場合は，検査文字付文字列に誤りがあると判定する。

〔検査文字付文字列の生成例〕
　表1及び検査文字の生成の手順を用いることによって，文字列ipa␣␣に対し，生成される検査文字はfである。
　検査文字付文字列は，文字列の末尾に検査文字を追加し，ipa␣␣fとなる。

〔プログラムの仕様〕
　各関数の仕様を(1)～(4)に示す。ここで，配列の添字は1から始まるものとする。
(1) 関数calcCheckCharacterは，文字列及び文字列長を用いて生成した検査文字を返す。関数calcCheckCharacterの引数及び返却値の仕様は，表2のとおりである。

表2　関数calcCheckCharacterの引数及び返却値の仕様

引数／返却値	データ型	入力／出力	説明
input[]	文字型	入力	文字列が格納されている1次元配列
len	整数型	入力	文字列の文字列長（1以上）
返却値	文字型	出力	生成した検査文字を返す。

　関数calcCheckCharacterは，関数getValue，関数getCharを使用する。

(2) 関数validateCheckCharacterは，検査文字付文字列を検証し，検証結果を返す。関数validateCheckCharacterの引数及び返却値の仕様は，表3のとおりである。

表3 関数 validateCheckCharacter の引数及び返却値の仕様

引数／返却値	データ型	入力／出力	説明
input[]	文字型	入力	検査文字付文字列が格納されている 1 次元配列
len	整数型	入力	検査文字付文字列の文字列長（2以上）
返却値	論理型	出力	検査文字付文字列に誤りがないと判定した場合は true，誤りがあると判定した場合は false を返す。

関数validateCheckCharacterは，関数getValueを使用する。

(3) 関数getValueは，表1に従い，引数として与えられた文字に割り当てた数値を返す。

(4) 関数getCharは，表1に従い，引数として与えられた数値に対応する文字を返す。

付録　基本情報技術者試験の問題で腕試ししてみよう

設問1　プログラム中の　　　　に入れる正しい答えを，解答群の中から選べ。ここで，a1とa2に入れる答えは，aに関する解答群の中から組合せとして正しいものを選ぶものとする。

〔プログラム〕

```
○文字型関数： calcCheckCharacter(文字型: input[], 整数型: len)
○整数型： N, sum, i, value, check_value
○論理型： is_even
 ・N ← 30
 ・sum ← 0
 ・is_even ← false
■i: len, i > 0, -1
│ ・value ← getValue(input[i])
│ ▲is_even = [ a1 ]
│ │・sum ← sum + value
│ ┼
│ │・sum ← sum + (value × 2) ÷ N + (value × 2) % N
│ ▼
│
│ ・is_even ← not is_even
■
 ・check_value ← [ b ]
 ・return getChar(check_value)


○論理型関数： validateCheckCharacter(文字型: input[], 整数型: len)
○整数型： N, sum, i, value
○論理型： is_odd, ret_value
 ・N ← 30
 ・sum ← 0
 ・is_odd ← true
 ・ret_value ← true
■i: len, i > 0, -1
│ ・value ← getValue(input[i])
│ ▲is_odd = [ a2 ]
│ │・sum ← sum + value
│ ┼
│ │・sum ← sum + (value × 2) ÷ N + (value × 2) % N
│ ▼
│
│ ・is_odd ← not is_odd
■
▲[ c ]
│ ・ret_value ← false
▼
 ・return ret_value
```

aに関する解答群

	a1	a2
ア	false	false
イ	false	true
ウ	true	false
エ	true	true

bに関する解答群
- ア　N − sum % N
- イ　sum % N
- ウ　(N − sum % N) % N
- エ　(sum − N) % N

cに関する解答群
- ア　sum ÷ N = 0
- イ　sum ÷ N ≠ 0
- ウ　sum % N = 0
- エ　sum % N ≠ 0

設問2　次の記述中の　　　　に入れる正しい答えを，解答群の中から選べ。

　本プログラムでは，検査文字付文字列の誤りが1文字であれば，誤りを検出できる。しかし，複数の文字に誤りがある場合には，誤りがないと判定されることがある。例えば，関数validateCheckCharacterで表4に示す検査文字付文字列を検証した場合，誤りがないと判定されるケースは　d　。ここで，文字列ipa␣に対し生成される検査文字はfである。

表4　検査文字付文字列

ケース	検査文字付文字列
1	ipb␣␣f
2	api␣␣f
3	pia␣␣f
4	␣␣apif

dに関する解答群
- ア　1と2と3と4である
- イ　2である
- ウ　2と3である
- エ　2と3と4である
- オ　2と4である
- カ　ない

付録　基本情報技術者試験の問題で腕試ししてみよう

設問3　次の記述中の □ に入れる正しい答えを，解答群の中から選べ。

本プログラムを文字列長が同じである複数の文字列に対して適用することを考える（図1参照）。

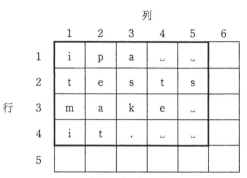

図1　作成中の検査文字付表

〔考え方〕

文字列長がnであるm個の文字列について考える。文字列に対して，(m+1)行(n+1)列の表を用意する。以後，この表を検査文字付表という。

(1) 検査文字の生成

例えば，文字列長が5である4個の文字列ipa␣␣，tests，make␣，it.␣を，図1の太枠内のように，各文字列の先頭の位置を最左列に揃え，各文字列を上の行から順に格納して，表を作成する。この表の太枠内の各行各列をそれぞれ文字列とみなして検査文字を生成し，最右列と最下行に格納する。

この手順で作成した検査文字付表を図2に示す。作成した検査文字付表の5行5列目（網掛け部分）の検査文字は □ e □ である。

	列					
	1	2	3	4	5	6
1	i	p	a	␣	␣	f
2	t	e	s	t	s	i
3	m	a	k	e	␣	n
4	i	t	.	␣	␣	h
5	r	a	v	b		

図2　完成した検査文字付表

(2) 検査文字付表の検証

　(1)で作成した検査文字付表の，最下行を除く各行と最右列を除く各列を文字列とみなし，それぞれ関数validateCheckCharacterで検証した結果，全て誤りがないと判定された場合には，検査文字付表に誤りがないと判定する。一つでも誤りがあると判定された場合は，検査文字付表に誤りがあると判定する。

eに関する解答群
　　ア　j　　　イ　k　　　ウ　l　　　エ　m

設問4　次の記述中の　　　　　　に入れる正しい答えを，解答群の中から選べ。

　図2の1行目の検査文字付文字列を取り除いた，図3の検査文字付表について考える。表4のケース1～4の検査文字付文字列を順に，図3の1行目に格納して検証した場合，検査文字付表に誤りがないと判定されるケースは　　f　　。

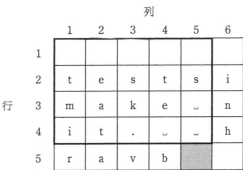

図3　1行目を取り除いた検査文字付表

fに関する解答群
　　ア　1と2と3と4である　　　イ　2である　　　ウ　2と3である
　　エ　2と3と4である　　　　　オ　2と4である　　カ　ない

付録　基本情報技術者試験の問題で腕試ししてみよう

平成29年度 秋期　午後 問8の解説と解答

　文字列の誤りを検出するために用意される文字を「検査文字」と呼びます。文字列の誤りとは、データを通信したりファイルに書き込む際などに、データの一部が変化してしまうことです。それを検出するために文字列に付加される文字が、検査文字です。簡単な例として、文字列を構成するすべての文字の文字コード（文字に割り当てられた数値）を足した値を検査文字とする「チェックサム（check sum）」というアルゴリズムがありますが、この問題では、より複雑なアルゴリズムで検査文字を生成しています。プログラムの説明から、検査文字を生成するアルゴリズムと、検査文字付の文字列を検証するアルゴリズムを読み取ってください。

設問1　a

　is_evenが空欄a1と等しいとき、単に文字の値を足す処理を行っています。説明文に「偶数番目の文字に割り当てた数値は，そのまま全て足し合わせる」とあるので、空欄a1はtrueです。is_oddが空欄a2と等しいとき、単に文字の値を足す処理を行っています。説明文に「奇数番目の文字に割り当てた数値は，そのまま全て足し合わせる」とあるので、空欄a2もtrueです。

設問1　b

　空欄bは、説明文の「④　Nから、③で求めた総和をNで割った余りを引く。さらにその結果を，Nで割り，余りを求める」に該当します。これは、(N − sum % N) % Nと表記できます。

設問1　c

　空欄cの条件がtrueのとき、ret_valueにfalseが格納されています。したがって、空欄cには、検査文字付文字列に誤りがある条件が入ります。説明文に「④　③で求めた総和がNで割り切れる場合は，検査文字付文字列に誤りがないと判定する。Nで割り切れない場合は，検査文字付文字列に誤りがあると判定する」とあるので、これは、sum % N ≠ 0と表記できます。

設問2　d

　説明文に、「複数の文字に誤りがある場合には，誤りがないと判定されることがある」とあるので、ipa␣fに対して、複数文字に誤りがあるapi␣f（ケース2）、pia␣f（ケース3）、␣apif（ケース4）を検証します。api␣f（ケース2）は、すべてを足し合わせると60になり、60はN＝30で割り切れるので、誤りがあるのに、誤りがないと判断されます。pia␣f（ケース3）は、すべてを足し合わせると38になり、38はN＝30で割り切れないので、誤りがあると適切に判断されます。␣apif（ケース4）は、すべてを足し合わせると60になり、60はN＝30で割り切れるので、誤りがあるのに、誤りがないと

判断されます。したがって、誤りがあるのに誤りがないと判断されるのは、ケース2とケース4です。

設問3 e

5列目を縦に見た「␣s␣」という文字列の検査文字を求めます。すべてを足し合わせると15になります。30から、15を30で割った余りの15を引くと、15になります。この15を30で割った余りの15に対応するlが検査文字になります。

設問4 f

表4に示されたケースには、すべて1文字以上の誤りがあります。したがって、図3の1行目に、表4のどのケースを入れても、縦方向で1文字の誤りが生じる部分が1カ所以上生じます。関数validateCheckCharacterは、誤りが1文字であれば、誤りを検出できます。そして、1つでも誤りがあると判定された場合は、検査文字付表に誤りがあると判定するのですから、検査文字付表に誤りがないと判定されるケースは、ここにはありません。

設問1 a−エ、b−ウ、c−エ　　**設問2** d−オ
設問3 e−ウ　　　　　　　　　　**設問4** f−カ

クイズの解答

第1章　最小公倍数を求めるには？　　　　　　　　　　　　　　42ページ

　「最小公倍数を求めるアルゴリズムを考えてください」といわれて、「最大公約数を求めるのに、ユークリッドの互除法という奇抜なアルゴリズムがあったのだから、最小公倍数を求めるのにも、きっと誰々の何々法というのがあるに違いない」と思って、考えるのをやめてしまった人はいませんか。
　最小公倍数を求めるのに、奇抜なアルゴリズムなどありません。最小公倍数は、2つの整数を掛けて、それを最大公約数で割れば求められます。たとえば、30と50の最大公約数は10なので、最小公倍数は、$30 \times 50 \div 10 = 150$です。こんな当たり前のアルゴリズムに、誰々の何々法などという名前は付けられていません。

　アルゴリズムは、常に自分で考えるものです。本書のような教材をとおして様々なアルゴリズムを知ると、自分で考えない癖が付いてしまうおそれがあり、簡単なアルゴリズムでも思いつかなくなってしまいます。そうならないように注意してほしいので、本書ではクイズを出題しています。
　教材で知った様々なアルゴリズムは、自分でアルゴリズムを考えるときの基礎知識としてください。さらに、**基礎知識を応用して、オリジナルのアルゴリズムを考えてください**。たとえば、第1章で知ったユークリッドの互除法の仕組みのイメージは、長方形の長い方の辺を切り落として正方形を作ることでした。この知識を応用すれば、長方形の短い方の辺を2倍、3倍、4倍……と付け足して、大きな正方形を作ることで最小公倍数を求めるアルゴリズムが思いつくでしょう。以下の例では、その手順で、30と50の最小公倍数を求めています。

手順1 30と50を比べて、30の方が小さいので、30に30を付け足し60（30の2倍）にする。50は何もしなかったので、そのままにする

$$
\begin{array}{cc}
30 & 50 \\
\downarrow & \downarrow \\
60 & 50
\end{array}
$$

手順2 60と50を比べて、50の方が小さいので、50に50を付け足し100（50の2倍）にする。60は何もしなかったので、そのままにする

$$
\begin{array}{cc}
60 & 50 \\
\downarrow & \downarrow \\
60 & 100
\end{array}
$$

手順3 60と100を比べて、60の方が小さいので、60に30を付け足し90（30の3倍）にする。100は何もしなかったので、そのままにする

$$
\begin{array}{cc}
60 & 100 \\
\downarrow & \downarrow \\
90 & 100
\end{array}
$$

クイズの解答

手順 4 　90と100を比べて、90の方が小さいので、90に30を付け足し120（30の4倍）にする。100は何もしなかったので、そのままにする

```
 90   100
  ↓    ↓
120   100
```

手順 5 　120と100を比べて、100の方が小さいので、100に50を付け足し150（50の3倍）にする。120は何もしなかったので、そのままにする

```
120   100
  ↓    ↓
120   150
```

手順 6 　120と150を比べて、120の方が小さいので、120に30を付け足し150（30の5倍）にする。150は何もしなかったので、そのままにする。この時点で、両者が等しくなった。したがって、最小公倍数は150である

```
120   150
  ↓    ↓
150   150
```

第 2 章　なぜ配列の先頭が 0 番なのか？　　　　　　　　　　　　　49ページ

　JavaやC言語では、配列の添え字が、番号ではなく、**先頭の要素からいくつ離れているか**を示しています。要素数が10個の配列aの場合、先頭の要素は先頭から0個離れているのでa[0]であり、末尾の要素は先頭から9個離れているのでa[9]となります。

第 2 章　線形探索を効率化する番兵の値は？　　　　　　　　　　　60ページ

　配列の中から「53」という値を見つける場合には、番兵の値を「53」にします。番兵がないときは、1つの要素に対して「53か？」と「末尾か？」という2つのチェックが行われます。番兵を置いたことで、「末尾か？」というチェックが不要になります。なぜなら、配列の途中に「53」がなくても、末尾に「53」があるからです。

　配列の先頭から「53か？」という1つのチェックだけを行い、53が見つかった時点で、配列の途中なら本当に53が見つかったのであり、配列の末尾なら番兵の53が見つかったのであって53は見つからなかったことになります。目印のデータである**番兵**は、線形探索に限らず、様々な場面で活用できるテクニックです。

第 3 章　最初に何という数をいえば合格か？　　　　　　　　　　　73ページ

　1～100の真ん中の「50ですか」といえれば合格です。1～100には、偶数個のデータがあるので、ぴったり真ん中はなく、50か51が真ん中ですが、キリがよいので50でよいでしょう。
　「50ですか」といって「もっと小さい」というヒントなら、探索対象を50の前側の1～49に絞り込めます。「もっと大きい」というヒントなら、探索対象を50の後ろ側の51～100に絞り込めます。以下同様に、探索対象の真ん中をいうことを繰り返します。このように、**探索対象の真ん中をチェックし、その結果に応じて探索対象を二分割していく**のが、二分探索のアルゴリズムです。

第4章　昇順を降順に変えるには？　　　　　　　　　　　　　　　108ページ

　if (a[cmp] > temp) の＞を＜に変えるだけで、降順のソートになります。「挿入するデータの値tempが、前にあるデータa[cmp]より小さければ、挿入位置を前に移動する」という処理が、「挿入するデータの値tempが、前にあるデータa[cmp]より大きければ、挿入位置を前に移動する」という処理に変わるからです。

第4章　breakを使わずにループを途中終了するには？　　　　　108ページ

　内側のループを以下のように改造します。改造前の「cmp >= 0」という条件を「cmp >= 0 && a[cmp] > temp」にしていることがポイントです。breakを使ったプログラムと、このプログラムのどちらがよいかは、好みの問題です。

```
for (cmp = ins - 1; cmp >= 0 && a[cmp] > temp; cmp--) {
  a[cmp + 1] = a[cmp];
}
```

第5章　削除した要素を管理するには？　　　　　　　　　　　　128ページ

　削除された要素をつなぐ連結リストを用意します。ここでは、この連結リストを「削除リスト」と呼ぶことにしましょう。たとえば、a[5]の「品川」が削除されたときには、削除リストの先頭ポインタに「先頭は5」を設定し、「品川」のポインタに「次は－1」を設定します。もしも、次にa[1]の「名古屋」が削除されたときは、削除リストの「品川」のポインタを「次は1」に設定し、「名古屋」のポインタに「次は－1」を設定します。このようにして、削除リストを作ります。

　削除リストのメモリ領域を、通常のリスト（削除リストでないリスト）の新たな要素に割り当てるときは、削除リストの先頭のa[5]を割り当て、削除リストの先頭ポインタを「先頭は1」に書き換えます。このようにして、削除リストの先頭から順に割り当てていきます。なお、プログラムの実行環境が提供するメモリの動的な割り当て機能を利用した場合は、上記の手順が自動化されていて、プログラムからは、関数や演算子で簡単に利用できます。

第6章　どの部分が根、節、葉？　　　　　　　　　　　　　　　146ページ

　自然界の木と同様に、大元のデータが「根」であり、枝が伸びているデータが「節」で、枝が伸びていない末端のデータが「葉」です。したがって、「4」が根であり、「2」「6」が節で、「1」「3」「5」「7」が葉です。

第7章　なぜハッシュと呼ぶのか？　　　　　　　　　　　　　　171ページ

　「ハッシュ(hash)」という言葉を最初に使ったのは、IBMのコンピュータ科学者であったハンズ・ピーター・ルーン氏（1896〜1964）であるという説が有力です。配列にデータを均等に飛び散らせて格納する様子を、ハッシュ（細かく切り刻んで均等に混ぜる）と呼んだのです。当初は仲間内だけで通じるスラングだったのですが、米国コンピュータ学会誌に論文が掲載されたことがきっかけとなり、専門用語として認められるようになりました。英和辞典でhashの日本語訳を見ると、「寄せ集め」「ごたまぜ」「ハヤシ肉料理」などが示されていま

すが、「飛び散り」という言葉の方が、アルゴリズムのイメージに合っているでしょう。

第8章　クイックソートが速い理由は？　　　　　　　　　　　212ページ

　選択法とクイックソートを比べてみましょう。選択法は、すべてのデータを1回チェックすることで、一番小さいデータの位置が確定するだけです（昇順でソートするとします）。残りのデータは、そのままほったらかしです。それに対して、クイックソートは、すべてのデータを1回チェックすることで、基準値となるデータの位置が確定し、さらに残りのデータが2つのグループに分けられます。この「**残りのデータが2つのグループに分けられる**」がある分だけ、それ以降の処理が効率的になります。これが、クイックソートが速い理由です。

　クイックソートは、分割 ($\log_2 N$) がN個のデータに対して行われるので、計算量が理想的に O ($\log_2 N \times N$) になります。「理想的」と断っているのは、基準値が全体の真ん中の値になって、残りのデータが同じ数で2グループに分けられたときにO ($\log_2 N \times N$) になるからです。実際には、基準値が全体のぴったり真ん中の値になることはめったにないでしょう。最悪の場合として、常に基準値が最小値または最大値（一番端の値）になると、クイックソートの計算量は、選択法と同じO (N^2) になります。そうならないように、第8章のコラムで示している方法で、基準値の選び方を工夫するのです。

第9章　ウサギのペアの数は？　　　　　　　　　　　218ページ

　以下のように、ウサギの組（オス・メスのペア）の数はフィボナッチ数列になり、6ヵ月後には13組になります。ここでは、[A]組の子供を[B]組、[B]組の子供を[C]組、[C]組の子供を[D]組で表し、子供を生む組をアミカケしています。このように、**フィボナッチ数列は自然界によくあるものです**。

```
0カ月　[A]　1組
1カ月　[A]　1組
2カ月　[A] [B]　2組
3カ月　[A] [B] [B]　3組
4カ月　[A] [B] [B] [B] [C]　5組
5カ月　[A] [B] [B] [B] [B] [C] [C] [C]　8組
6カ月　[A] [B] [B] [B] [B] [B] [C] [C] [C] [C] [C] [C] [D]　13組
```

第10章　遺伝的アルゴリズムがどこに使われている？　　　　247ページ

　N700系新幹線の先頭車両の先端部分の形状の設計で、遺伝的アルゴリズムが活用されています。一般的に、先端が尖っている方が、空気抵抗が少ないと思いがちですが、遺伝的アルゴリズムでシミュレーションしてみると、丸い方がよいという結果が得られました。**遺伝的アルゴリズムの突然変異が、偶然よい結果を生み出すことがあるのです**。

確認問題の解答

第1章　　45ページ

Q1	(1)	○	(2)	×	(3)	○	(4)	×	(5)	○
Q2	(1)	≠	(2)	>						

第2章　　68ページ

Q1	(1)	○	(2)	×	(3)	○	(4)	×	(5)	○
Q2	(1)	−1	(2)	i	(3)	pos				

第3章　　88ページ

Q1	(1)	○	(2)	×	(3)	×	(4)	×	(5)	○
Q2	(1)	left ≦ right	(2)	pos ← middle			(3)	right ← middle − 1		

第4章　　119ページ

Q1	(1)	×	(2)	○	(3)	×	(4)	○	(5)	×
Q2	(1)	a [ins]	(2)	a [cmp + 1]			(3)	temp		

第5章　　140ページ

Q1	(1)	○	(2)	○	(3)	×	(4)	×	(5)	×
Q2	(1)	top	(2)	−1	(3)	list [idx].next				

第6章　　163ページ

Q1	(1)	○	(2)	×	(3)	×	(4)	○	(5)	○
Q2	(1)	rootIdx	(2)	tree [currentIdx].left			(3)	tree [currentIdx].right		

第7章　　191ページ

Q1	(1)	○	(2)	×	(3)	×	(4)	×	(5)	○
Q2	(1)	hashValue	(2)	pos + 1			(3)	hashValue		

第8章　　214ページ

Q1	(1)	×	(2)	○	(3)	×	(4)	○	(5)	×
Q2	(1)	start < end	(2)	pivot − 1			(3)	pivot + 1		

第9章　　　　　　　　　　　　　　　　　　　　　　　　　　　　236ページ

Q1	(1)	×	(2)	○	(3)	×	(4)	○	(5)	×
Q2	(1)	0	(2)	1	(3)	fibonacciNumbers [i − 1] + fibonacciNumbers [i − 2]				

第10章　　　　　　　　　　　　　　　　　　　　　　　　　　　　261ページ

Q1	(1)	×	(2)	×	(3)	○	(4)	○	(5)	○
Q2	(1)	適応度	(2)	淘汰			(3)	世代を1つ進める		

おわりに

　皆さん、お疲れ様でした。本書で、アルゴリズムのはじめの一歩を完全攻略できた人は、これまでにできなかったことが、できるようになっています。これは、たとえば自転車に乗れるようになったり、楽器を弾けるようになったりすることに似ています。アルゴリズムは、自転車や楽器と同様に、体得するものだからです。皆さんも「できるようになった」と実感しているはずです。

　どれくらいできるようになったか、腕試しをしてみましょう。本書の巻末に、基本情報技術者試験のアルゴリズムの過去問題を掲載していますので、ぜひ挑戦してください。合格点を取れたら、実際の試験を受験してみましょう。すでに基本情報技術者試験に合格しているなら、第10章のコラムで紹介したプログラミングコンテストの過去問題に挑戦してください。

　どんどんレベルを上げて、これからもアルゴリズムを考えることを楽しんでください！

謝辞

　本書の作成にあたり企画の段階からお世話になりました株式会社技術評論社の三橋太一様とスタッフの皆様、若かりし頃の筆者にアルゴリズムを指導してくださった先輩諸兄の皆様、そして本書をご購読いただきました読者の皆様に、この場をお借りして厚く御礼申し上げます。

索 引 Index

記号

%・・・・・・・・・・・・・・・・・・35, 166, 176, 192, 253, 278
%%・・・173
.（ドット）・・・・・・・・・・・・・・・・・・・・・・・・・・・・・・・・・・・・・133
==・・・・・・・・・・・・・・・・・・・・・・・・・・・・・・・・・・・35, 59, 75
/*・・・75
//・・25, 101
¥n・・・・・・・・・・・・・・・・・・・・・・・・・・・・・・・・・・・・・・・94, 173
¥t・・・94
■・・・・・・・・・・・・・24, 31, 33, 50, 69, 93, 106, 133, 167, 202
▲・・・24
○・・・・・・・・・・・・・・・・・・・・・・・・・・・・・・・・・・・・26, 50, 131
・・・・・・・・・・・27, 49, 50, 51, 58, 73, 94, 106, 133, 195

アルファベット順

algorithm・・・・・・・・・・・・・・・・・・・・・・・・・・・・・・・・・・・・・14
and（論理積、かつ）・・・・・・・・・・・・36, 58, 59, 74, 75
break・・・・・・・・・・・・・・・・・・106, 108, 118, 167, 202, 282
C言語・・・・・・・・・・・25, 26, 31, 32, 33, 35, 37, 48, 49,
50, 130, 194, 281
false・・・・・・・・・・・・・・・・・・・・・・・・・・・・・26, 35, 149, 278
for・・・・・・・・・・・・・・・・・・・・・・・・・・・・・・・75, 94, 194, 195
Java・・・25, 27, 31, 32, 33, 35, 37, 42, 48, 49, 50,
51, 59, 75, 94, 130, 133, 146, 150, 194, 250, 281
O（1）・・・・・・・・・・・・・・・・・・・・・・・・・・・・・・・86, 167, 176
O（$\sqrt{N}$）・・・・・・・・・・・・・・・・・・・・・・・・・・・・・・・・・・・・89
O（2^N）・・・・・・・・・・・・・・・・・・・・・・・・・・・・・・・・・・・・228
O（$\log_2 N$）・・・・・・・・・・・・・・・・・・・・・・・・・84, 85, 86, 145
O（$\log_2 N \times N$）・・・・・・・・・・・・・・・・・・86, 87, 164, 212, 283
O（N）・・・・・・・・・・・・・・・・・・・・・・・・・・・・・83, 84, 86, 89
O（N^2）・・・・・・・・・・・・・・・・・・・・・・・・86, 87, 120, 212, 283
true・・・・・・・・・・・・・・・・・・・・・・26, 35, 149, 167, 202, 278
while・・・・・・・・・・・・・・・・・・・・・・・・・・・31, 75, 94, 194, 195

ア行

後判定の繰り返し・・・・・・・・・・・・・・・・・・・・・・・・・31, 32
あふれ領域・・・・・・・・・・・・・・・・・・・・・・・・・・・・・・・・・192
遺伝子（gene）
・・・・・・・・・・・・・・・240, 241, 242, 243, 248, 249, 250, 251
遺伝的アルゴリズム（Genetic Algorithm）
・・・・・・・・・・・・・・・・・・・・240, 242, 246, 247, 248, 283
演算・・・・・・・・・・・・・・・・・・・・・・・・・・・21, 22, 23, 24, 35
演算子・・・・・・・・・・・・・・・・・・・・・・・・・・・・・・・35, 36, 282

演算装置・・・・・・・・・・・・・・・・・・・・・・・・・・・・・・・・・・・・・21
オープンアドレス法・・・・・・・・・・・・・・・・・・・・・・・・・192
親要素・・・・・・・・・・・・・・・・・・・・・・・・・・・・・・・・・・・・・・270

カ行

階乗・・・・・・・・・・・・・・・・・・・・・・・・・・・・・・・195, 197, 220
格納位置・・・・・・・・・・・・・・・・・・・・・・・・・171, 182, 183, 189
関数・・・・・・・・・・・27, 131, 133, 135, 136, 147, 149, 156,
157, 167, 194, 195, 196, 197, 201, 202, 218,
219, 220, 221, 223, 224, 226, 247, 279, 282
関数電卓・・・・・・・・・・・・・・・・・・・・・・・・・・・・・・・・・・・・・84
関数の呼び出し・・・・・・・・・・・・・・・・・・・25, 27, 194, 221
偽・・・・・・・・・・・30, 35, 55, 63, 66, 78, 79, 81, 99, 101,
106, 109, 111, 114, 116, 208
記憶・・・・・・・・・・・・・・・・・・・・・21, 22, 23, 24, 221, 223,
224, 228, 232, 233
記憶装置・・・・・・・・・・・・・・・・・・・・・・・・・・・・・・・・・・・・・21
擬似言語・・・・・・・・・・22, 24, 25, 31, 32, 33, 37, 42, 49,
50, 58, 59, 69, 74, 75, 92, 94, 105, 106, 130,
131, 133, 136, 138, 146, 150, 158, 167, 177,
194, 195, 202, 203, 219, 224, 246, 247
基準値（pivot）・・・・・・・・・・・・・・・201, 202, 206, 207,
208, 209, 210, 215, 283
基本情報技術者試験・・・・・・・・・・・・・・・・・・25, 83, 130
クイックソート（quick sort）
・・・・・・・・・・・・・・・・・86, 164, 201, 206, 212, 215, 283
九九表・・・・・・・・・・・・・・・・・・・・・・・・・・・・93, 94, 95, 104
クラス・・・・・・・・・・・・・・・・・・・・・・・・・・・130, 133, 146, 150
繰り返し・・・・・・・23, 24, 28, 31, 32, 33, 48, 51, 55,
56, 58, 60, 63, 66, 67, 74, 75, 78, 79, 81,
82, 86, 93, 94, 105, 108, 120, 133, 156,
158, 160, 161, 162, 167, 194, 195, 197,
200, 201, 202, 208, 209, 221, 241, 247, 255
計算量・・・・・・・・・・・83, 84, 85, 86, 87, 89, 120, 145,
164, 167, 176, 212, 228, 283
検査文字・・・・・・・・・・・・・・・・・・・・・・・・・・・・・・・・・・・278
交叉（crossover）
・・・・・・・・・・・・・・・・・・・240, 241, 243, 244, 247, 253, 255
降順・・・・・・・・・・・・・・・・・・・・・・・・・・・・・・・・・72, 108, 282
構造体（structure）
・・・・・・・・・・・・・・・・・・・・・122, 123, 130, 131, 133, 146
国際情報オリンピック・・・・・・・・・・・・・・・・・・・・・・・262
個体（individual）・・・・・・・・・240, 242, 243, 244, 245,
247, 248, 249, 250, 252, 253, 255
コピー・・・・・・・・・・・・・・・・・・・・・・・・・・・・・・・・・243, 253
コメント・・・・・・・・・・・・・22, 25, 31, 75, 101, 131, 147
コメントアウト・・・・・・・・・・・・・・・・・・・・・・・・・101, 159

子要素・・・・・・・・・・・・・・・・・・・・・・・・・・・・・・・・・・・・・270
コンピュータの五大装置（五大機能）・・・・・・・・・21

サ行

サーチ（search）・・・・・・・・・85, 86, 164, 166, 167,
168, 170, 171, 172, 173, 177, 182, 184, 185
再帰呼び出し（recursive call）・・・・・・156, 160, 161,
162, 194, 195, 196, 197, 199, 200, 201, 202,
210, 218, 219, 220, 221, 223, 224, 226
最小公倍数・・・・・・・・・・・・・・・・・・・・・・・・・・・・・42, 280
最小値・・・・・・・・・・・・・・・・・・・・・69, 120, 164, 215, 283
最大公約数・・・・・・・・・・・・・・37, 38, 39, 40, 42, 46, 280
最大値・・・・・・・69, 131, 228, 229, 230, 231, 232,
233, 270, 283
算術演算子・・・・・・・・・・・・・・・・・・・・・・・・・・・・・・・・・・35
指数時間アルゴリズム・・・・・・・・・・・・・・・・・・・・・・228
自然数・・・・・・・・・・・・・・・・・・・・・・・・・・・・・・・・・・・・・・89
実数型（double型）・・・・・・・・・・・・・・・・・・・・・・・・・・26
実装・・・・・・・・・・・・・・・・・・・・・・・・・・・・・・・・・・・・49, 51
シノニム（synonym）
・・・・・・・・・・・・・・・・・167, 171, 176, 177, 179, 189, 192
シミュレーション・・・・・・・・・・・・・・・・・・・・・・240, 283
出力・・・・・・・・・・・・・・・・・・・・・・・・・21, 22, 23, 24, 262
出力装置・・・・・・・・・・・・・・・・・・・・・・・・・・・・・・・・・・・・21
循環リスト・・・・・・・・・・・・・・・・・・・・・・・・・・・・・・・・141
順次・・・・・・・・・・・・・・・・・・・・・・・・・・・・・・・・23, 24, 28
昇順・・・・・72, 77, 103, 107, 108, 120, 164, 201,
205, 206, 215, 270, 283
剰余・・35
初期化・・・・・50, 52, 57, 61, 63, 74, 77, 79, 167,
176, 223, 224
初期値・・・・・・33, 50, 56, 58, 63, 69, 73, 79, 96,
100, 108, 109, 110, 112, 115, 192, 207
処理回数・・・・・・・・・・・・・・・・・39, 46, 83, 84, 86, 87, 89, 95
真・・・・・・・・・・・・30, 35, 55, 96, 97, 98, 100, 108, 110,
111, 112, 113, 114, 115, 116, 149, 195, 209
進化（evolution）・・・・・・・・・240, 242, 243, 245, 251
スマート・・・・・・・・・・・・・・・・・・・160, 162, 195, 202, 219
制御装置・・・・・・・・・・・・・・・・・・・・・・・・・・・・・・・・・・・・21
整数型（int型）・・・・・・・26, 35, 49, 73, 130, 146, 167
世代（generation）・・・・・・・・・240, 241, 242, 243, 244,
245, 247, 249, 251, 255
節（node）・・・・・・・・・・・・・・・・・・・・・・・・・・・・・146, 282
線形探索（sequential search）
・・・・・・・・・・・・・・・・48, 57, 58, 59, 60, 83, 84, 86, 177, 281
選択・・・・・・・・・・・・・・・・・・・・・・・・・・・・・・・・・23, 24, 28

選択法 (selection sort)
　　　　　　　86, 87, 104, 120, 212, 283
先頭ポインタ　123, 128, 131, 133, 147, 282
素因数分解　　　　　　　　　　38, 39, 42
双岐選択　　　　　　　　　　　　　　28
挿入法 (insertion sort)　　　86, 87, 103, 104,
　　　　　　　105, 108, 120, 212, 215, 252
双方向リスト　　　　　　　　　　　　141
ソート (sort)　57, 72, 77, 85, 86, 103, 105,
　　106, 107, 108, 120, 164, 201, 202, 203, 205,
　　　　206, 210, 215, 243, 252, 270, 282, 283
素数　　　　　　　　　　　　　　38, 89

タ行

互いに素　　　　　　　　　　　　　　38
多重ループ (2重のループ)
　　　　　　　　93, 94, 95, 102, 104, 120, 233
単岐選択　　　　　　　　　　　　　　30
探索位置　　　　　　　161, 184, 185, 186, 189
探索対象　　　　73, 74, 75, 77, 78, 79, 80, 281
単純なループ (1重のループ)　　　　　92, 93
単方向リスト　　　　　　　　　　　　141
チェイン法　　　　　　　　　　　　192
チェックサム (check sum)　　　　　　278
データ構造　　　　　　　　49, 158, 166, 270
適応度 (fitness)　　　240, 241, 243, 244, 245,
　　　　　　　247, 249, 250, 251, 252, 255
淘汰 (select)
　　　　　　　240, 241, 243, 244, 247, 252, 255
動的計画法 (Dynamic Programming)
　　　221, 222, 223, 224, 225, 226, 228, 245
突然変異 (mutate)　　　240, 241, 243, 244,
　　　　　　　　247, 248, 253, 255, 283
トレース (trace)　　19, 20, 51, 52, 55, 60, 63,
　　66, 77, 79, 81, 95, 101, 108, 117, 152, 157,
　　171, 173, 175, 182, 187, 189, 197, 199, 202,
　　　　　　　　　206, 210, 212, 213
貪欲法 (グリーディ法)　　　　　　　237

ナ行

ナップサック問題 (knapsack problem)
　　　　227, 228, 232, 237, 240, 241, 242, 246,
　　　　　　　　　　　247, 248, 255
二分探索 (binary search)　　72, 73, 74, 75,
　　　77, 83, 84, 85, 86, 145, 158, 195, 281
二分探索木 (binary search tree)　　144, 145,
　　146, 147, 149, 150, 152, 154, 155, 157, 158,
　　　　　　　　　　　160, 164, 270
入力　　　　　　　21, 22, 23, 24, 32, 60, 242
入力装置　　　　　　　　　　　　　　21
根 (root)　　　144, 145, 146, 147, 149, 150,
　　　　　　　　　153, 164, 270, 282

ハ行

葉 (leaf)　　　　　　　　　　　146, 282
配列　　33, 48, 51, 52, 57, 58, 59, 69, 72, 73,
　　77, 83, 84, 103, 104, 108, 120, 122, 123,
　　124, 128, 130, 133, 146, 150, 152, 154,
　　166, 167, 192, 201, 205, 206, 207, 208,
　　210, 213, 215, 221, 223, 224, 241, 243,
　　　　　244, 249, 250, 252, 270, 281, 282
配列の要素　　52, 56, 103, 106, 144, 192,
　　　　　　　　　　　202, 215, 241, 243
配列の要素番号 (添え字、インデックス)
　　　　　　　　33, 48, 50, 58, 123, 249, 281
パソコン甲子園　　　　　　　　　　　262
ハッシュ関数　　　　　166, 167, 171, 192
ハッシュ値　　　166, 167, 170, 171, 172,
　　　173, 176, 177, 181, 183, 184, 185, 189, 192
ハッシュ表　　　166, 167, 168, 170, 171,
　　　　　　　　176, 177, 181, 182, 192
ハッシュ表探索法　　86, 166, 167, 176, 192
バブルソート (bubble sort)
　　　　　　　　　　86, 87, 104, 120, 212
反転　　　　　　　　　　　　　244, 253
番兵 (sentinel)　　　　　　　　　60, 281
ヒープ (heap)　　　　　　　　　164, 270
ヒープソート　　　　　　　　　　164, 270
比較演算子　　　　　　　　　　　　　35
引数　　　　27, 135, 137, 149, 157, 161, 167,
　　　　195, 202, 206, 210, 213, 220, 221, 224
ビッグ・オー表記　　　　　　　　83, 84
フィールド　　　　　　　　　131, 232, 248
フィボナッチ数　　218, 219, 220, 221, 222,
　　　　　　　　　223, 224, 225, 226
フィボナッチ数列 (Fibonacci numbers)
　　　　　　　　　　　　　　　218, 283
深さ優先探索　　　　　　　　　155, 157
フラグ (flag)　　　　　　　　　　　149
フローチャート　　　25, 26, 27, 31, 37, 42
プログラマ脳　　　　　　　　　　23, 24
プログラミングコンテスト　　　　　　262
分岐　　　　　　　　　　　　23, 24, 28
変数の宣言　　　　　　　　　　　25, 26
変数への代入　　　　　　　　　22, 25, 27
ポインタ (pointer)　　35, 123, 125, 126, 127,
　　　　128, 129, 130, 133, 136, 141, 144, 146,
　　　　　　　147, 149, 155, 192, 282

マ行

マージソート　　　　　　　　　　86, 87
前判定の繰り返し　　　　　　　　31, 32
メソッド　　27, 106, 131, 133, 136, 139, 147,
　　150, 155, 156, 157, 158, 159, 160, 161, 162,
　　199, 203, 206, 210, 212, 213, 218, 219, 222,
　　225, 226, 232, 233, 247, 248, 249, 251, 255
メモリ　　　　　　21, 26, 50, 128, 195, 282
メモリ領域　　　　　　　　　　128, 282
メンバ　　　　　　　　　　　　　　133
文字型 (char型)　　　　　　　　　　26
戻り値　　　27, 158, 159, 167, 196, 197, 198,
　　　　199, 200, 202, 210, 221, 250

ヤ行

ユークリッドの互除法　37, 38, 39, 40, 46, 280
要素数　　　33, 50, 51, 52, 57, 60, 73, 77, 83,
　　84, 103, 104, 105, 108, 124, 126, 128, 131, 166,
　　　192, 202, 203, 206, 215, 241, 243, 249, 281
要素の削除　　　　　　　　　　　　124
要素の挿入　　　　　　　　　　　　124
要素の添え字　　　57, 73, 104, 133, 135, 136,
　　　　　　　　137, 147, 149, 150, 158
要素のポインタ　　　　　133, 136, 138, 147
要素を読み出す　　　　　　　　128, 133

ラ行

乱数　　　　　　　　　　23, 242, 250, 253
ランダム　　48, 57, 86, 240, 241, 243, 250, 253
ループ (loop)　　28, 48, 49, 56, 69, 92, 93, 94,
　　95, 96, 97, 100, 101, 104, 105, 106, 108, 109,
　　110, 111, 112, 113, 114, 115, 116, 118, 120, 282
ループカウンタ　33, 49, 50, 55, 56, 69, 75, 92,
　　　93, 94, 95, 96, 101, 102, 104, 105, 133, 221
連結リスト (linked list)　　123, 124, 125, 127,
　　128, 130, 131, 133, 135, 136, 137, 138, 139,
　　　　141, 144, 146, 147, 192, 282
論理演算子　　　　　　　　　　　35, 36
論理型 (boolean)　　　　　　　　26, 149
論理積　　　　　　　　　　　　　36, 58
論理否定　　　　　　　　　　　　　　36
論理和　　　　　　　　　　　　　　36

■著者紹介

矢沢 久雄（やざわ・ひさお）

1961年栃木県足利市生まれ。
（株）ヤザワ代表取締役社長、グレープシティ（株）アドバイザリー・スタッフ。
大手電気メーカーでパソコンの製造、ソフトハウスで様々なシステム開発を経験した後、現在は独立してデータ解析アプリケーションの開発に従事している。本業のかたわら、書籍や雑誌記事の執筆活動、IT企業や学校における講演活動も精力的に行っている。お客様の笑顔を何よりも大事にする自称ソフトウェア芸人である。
主な著書に、『新・標準プログラマーズライブラリ C++ クラスと継承 完全制覇』（技術評論社）、『プログラムはなぜ動くのか 第2版』（日経BP社）、『情報処理教科書 基本情報技術者試験のアルゴリズム問題がちゃんと解ける本 第2版』（翔泳社）などがある。

- ●装丁　　　　　　　　　　石間 淳
- ●カバーイラスト　　　　　花山由理
- ●本文デザイン／レイアウト　BUCH⁺

新・標準プログラマーズライブラリ
アルゴリズム はじめの一歩　完全攻略

2019年 2月28日　初版　第1刷発行
2022年 2月23日　初版　第2刷発行

著　者	矢沢 久雄
発行者	片岡 巌
発行所	株式会社技術評論社 東京都新宿区市谷左内町 21-13 電話　03-3513-6150　販売促進部 　　　03-3513-6166　書籍編集部
印刷／製本	昭和情報プロセス株式会社

定価はカバーに表示してあります。

本書の一部または全部を著作権法の定める範囲を超え、無断で複写、複製、転載、テープ化、ファイルに落とすことを禁じます。

© 2019 Hisao Yazawa

造本には細心の注意を払っておりますが、万一、乱丁（ページの乱れ）や落丁（ページの抜け）がございましたら、小社販売促進部までお送りください。送料小社負担にてお取り替えいたします。

ISBN978-4-297-10394-1 C3055
Printed in Japan

本書の運用は、ご自身の判断でなさるようお願いいたします。本書の情報に基づいて被ったいかなる損害についても、筆者および技術評論社は一切の責任を負いません。
本書の内容に関するご質問は封書もしくはFAXでお願いいたします。弊社のウェブサイト上にも質問用のフォームを用意しております。ご質問は本書の内容に関するものに限らせていただきます。本書の内容を超えるご質問やプログラムの作成方法についてはお答えすることができません。また、自作されたプログラムの添削なども対応いたしかねます。あらかじめご了承ください。

〒162-0846
東京都新宿区市谷左内町21-13
（株）技術評論社　書籍編集部
『新・標準プログラマーズライブラリ
アルゴリズム はじめの一歩　完全攻略』
質問係
FAX　03-3513-6183
Web　https://gihyo.jp/book/2019/
　　　978-4-297-10394-1